低碳试点城市实践研究
——以温州市为例

Practical Research on Low-Carbon Pilot Cities: Taking Wenzhou as an Example

应苗苗　孙昌龙　戎建涛　著

科学出版社

北京

内 容 简 介

建设低碳城市是我国应对气候变化的重要发展战略，进入 21 世纪以来，我国先后确定包括温州在内的 42 个地区开展低碳省区和低碳城市试点工作，并取得了丰硕的成果，积累了大量的经验。本书以温州为例，研究编制温州市 2011~2016 年的温室气体排放清单，分析了温州市碳排放特征及趋势，在此基础上对碳排放峰值进行预测并提出总量控制措施，同时构建了碳减排任务指标分解体系。从低碳社区、低碳乡镇、低碳工业园区三个不同载体分别开展评价指标体系研究，重点对温州经济技术开发区建设低碳示范园区方案和郭公山低碳社区建设方案进行研究，最后对温州市金融中心提升低碳金融服务能力展开论述。

本书可供高等学校师生、相关专业科研人员与国内外相关领域专家、学者阅读，也可供政府决策部门参考。

图书在版编目（CIP）数据

低碳试点城市实践研究：以温州市为例 = Practical Research on Low-Carbon Pilot Cities：Taking Wenzhou as an Example / 应苗苗，孙昌龙，戎建涛著. —北京：科学出版社，2019.5
ISBN 978-7-03-061176-5

Ⅰ. ①低… Ⅱ. ①应… ②孙… ③戎… Ⅲ. ①节能-生态城市-城市建设-研究-温州 Ⅳ. ①X321.255.3

中国版本图书馆 CIP 数据核字（2019）第 087343 号

责任编辑：刘翠娜 陈娇娇 / 责任校对：王 瑞
责任印制：吴兆东 / 封面设计：无极书装

科学出版社出版
北京东黄城根北街 16 号
邮政编码：100717
http://www.sciencep.com

北京凌奇印刷有限责任公司印刷
科学出版社发行 各地新华书店经销

*

2019 年 5 月第 一 版 开本：720×1000 B5
2019 年 5 月第一次印刷 印张：14 3/4
字数：290 000
POD定价：128.00元
（如有印装质量问题，我社负责调换）

随着哥本哈根世界气候大会的召开，围绕"低排放、低碳交通、低碳生活"的低碳城市建设受到关注。为应对气候变化，自 2010 年起，中国先后确定了包括温州在内的北京、上海、广州、深圳、杭州等 42 个地区开展低碳省区和低碳城市试点工作。2011 年温州市编制了《温州市发展低碳经济及应对气候变化"十二五"规划》，2016 年浙江省编制了《浙江省低碳发展"十三五"规划》，在规划的引领下，温州市围绕发展低碳产业、探索金融创新、优化能源结构、强化建筑节能、发展绿色交通、增加城市碳汇、提升科技支撑、倡导低碳生活等，稳步推进各项工作的开展。因此，如何全面研究低碳城市试点的实施效果，深入分析存在的问题，及时总结经验，为下一阶段低碳城市建设工作提供建议，对温州市的低碳发展具有重要意义。同时，作为国家低碳试点城市，开展低碳研究、建立并完善评估方法和标准体系对推进全国范围的低碳城市建设也具有典型意义。本书的主要内容如下。

第一，温州市温室气体排放清单编制研究。根据温州市实际情况，结合国家温室气体清单编制方法，研究编制完成《2011～2016 年温州市市级温室气体排放清单报告》，包括能源活动、工业生产过程、农业活动、土地利用变化和林业、城市废弃物处理五大领域排放的二氧化碳（CO_2）、甲烷（CH_4）、氧化亚氮（N_2O）、氢氟碳化物（HFCs）、全氟化碳（PFCs）和六氟化硫（SF_6）六种温室气体清单。根据清单报告，分析温州市近年来的排放特征以及排放趋势，并提出了存在的问题。

第二，温州市碳排放峰值预测及总量控制措施研究。在全市温室气体排放清单编制的基础上，采用情景分析法，结合社会经济发展情况和重大项目影响，进一步预测温州市碳排放峰值以及达到峰值的年份。最后从产业、能源结构、建筑和交通等重点领域针对碳排放总量控制提出措施。

第三，研究建立区域碳减排任务指标分解体系。根据浙江省下达的单位 GDP 二氧化碳排放降低的约束性指标，以温室气体排放清单为依据，结合国内外主流碳减排任务分解方法，提出温州市碳排放指标分解方法，将碳减排任务科学合理分配到各县（市、区）。

第四，建立温州市低碳社区、低碳乡镇、低碳工业园区评价指标体系。在分析国内外该项评价指标体系的基础上，结合温州实际建立一套全面反映低碳内涵与特点的指标评价体系，包括低碳社区、低碳乡镇和低碳工业园区三个层面。

第五，研究温州经济技术开发区建设低碳示范园区方案。以温州经济技术开发区为例，在分析园区现有资源禀赋以及碳排放现状的基础上，针对园区的低碳化发展，从产业低碳化、能源低碳化、低碳金融、低碳管理平台和基础设施低碳化等方面提出园区低碳化的具体路径和对策建议。

第六，研究温州市郭公山低碳社区建设方案。选取居住相对集中、设施相对完善、群众基础较好的郭公山社区，分析该社区在低碳创建方面存在的问题，从公共设施、低碳行为、低碳管理和低碳技术等方面提出低碳社区的创建思路，最后提出创建低碳社区的保障措施。

第七，研究温州市金融中心提升低碳金融服务能力。分析低碳金融发展的历程，利用温州市金融综合改革试验区先行先试的政策优势，以温州金融集聚区建设为契机，提出温州低碳金融发展模式，并分析温州提升低碳金融服务能力路径。

文书共 9 章，应苗苗主要完成本书内容架构与第 1～4 章及第 6 章的撰写，孙昌龙主要完成第 5 章、第 7～9 章的撰写，戎建涛主要参与温州市温室气体排放清单编制及相关企业碳排放数据的获取、核算与整理。本书的完成也要感谢温州科技职业学院、河北经贸大学、温州市经济建设规划院、温州市低碳城市研究会、温州市发展和改革委员会、温州市经济和信息化局等单位的大力支持。本书也是浙江省哲学社会科学规划项目"浙江省低碳试点城市发展评估及对策研究（16NDJC138YB）"、"温州低碳城市建设评价及对策（15WSK235）"及"温州市农林渔生态系统增汇减排重点实验室（ZD201605）"等的主要成果。

应苗苗

温州科技职业学院

2019 年 4 月 22 日

目　录

第1章

绪　论

1.1　研究背景

全球气候变化已对人类生存和发展带来了极大的挑战，大气中日益积累的二氧化碳等温室气体被认为是全球气候变暖的主要原因。工业革命以后，人类对化石燃料的使用规模空前，加剧了温室气体的排放，全球范围内开始出现诸如生态系统退化、土壤侵蚀加剧及生物多样性锐减等问题。控制温室气体排放成为全球共识，也是全球积极应对气候变化的有效策略。美国著名学者莱斯特·R·布朗在其"能源经济革命论"中提到了发展低碳经济的思想，他指出面对"地球温室化"的威胁，要转变传统的把化石燃料作为核心能源的经济，发展以太阳能、氧能等清洁能源为核心的经济。2003年，为控制温室气体排放，英国在《我们未来的能源：创建低碳经济》白皮书中率先提出"低碳经济"的概念。

自"低碳经济"提出以来，全球各地都纷纷提出适宜本地区的低碳发展策略和目标。例如，英国政府提出，到2050年将二氧化碳排放量相对于1990年削减60%，并于2020年取得实质性的进展，到2020年可再生能源在能源供应中要占15%，将英国创建为低碳经济国；日本提出的温室气体减排目标是到2050年日本的温室气体排放量比2008年减少60%～80%；2007年，美国参议院提出了《低碳经济法案》，奥巴马总统上任后提出，大力发展生物质等可再生能源，催生一个新兴产业，带领美国经济走向复苏；中国承诺到2020年，单位GDP二氧化碳排放比2005年下降40%～45%。2014年中国和美国共同发表《中美气候变化联合声明》，宣布两国2020年后的行动目标：美国计划于2025年实现在2005年基础上减排26%～28%的全球经济范围减排目标并将努力减排28%；中国计划2030年左右二氧化碳排放达到峰值且将努力早日达到排放峰值，并计划到2030年非化石能源占一次能源消费比重提高到20%左右。为应对全球气候变暖问题、控制温室气体排放，低碳经济发展水平已逐渐成为21世纪不同国家和地区核心竞争力的重要体现。

　　城市是资源和能源消耗以及碳排放最集中的区域，低碳城市是全球应对气候变化的重要战略选择和行动载体。城市建筑、交通及工业部门能源消耗占世界的75%，温室气体排放量占世界的80%。中国作为一个发展中大国，正在经历着一个快速的城市化进程。截至2013年，中国的城市化率已达到53.7%，预计到2050年更要提高到70%以上。相关研究表明中国目前有85%的能源被城市消耗，85%的二氧化碳排放来自城市。快速城市化导致能源消耗量和温室气体排放量的急剧增加，成为过去几十年中国温室气体排放量增加的重要原因。因此，推动城市低碳发展是减少温室气体排放最具效力的方法。近年来，越来越多的中国城市、研究机构、非政府组织等开始关注低碳城市，其中一些已经开始在不同层面开展了低碳项目与活动。如何评估低碳城市建设效果已成为该领域的重要议题，也是城市未来制定低碳发展策略的重要依据。

　　为应对气候变化，自2010年起，中国先后确定了包括温州在内的北京、上海、广州、深圳、杭州等42个地区开展低碳省区和低碳城市试点工作。为加强战略规划对试点工作的引领，所有试点都把应对气候变化工作全面纳入本地区"十二五"规划，并编制完成了本地区的低碳发展规划或应对气候变化规划，明确提出了低碳发展的主要目标、指导思想、基本原则、重点任务及保障措施等。2011年温州市编制了《温州市发展低碳经济及应对气候变化"十二五"规划》。在《温州市发展低碳经济及应对气候变化"十二五"规划》的指引下，温州市围绕发展低碳产业、探索金融创新、优化能源结构、强化建筑节能、发展绿色交通、增加城市碳汇、提升科技支撑、倡导低碳生活等，稳步推进各项工作的开展。因此，全面研究低碳城市试点的实施效果，深入分析存在的问题，及时总结经验，为下一阶段低碳城市建设工作提供建议，对温州市的低碳发展具有重要意义。同时，作为国家低碳试点城市，开展低碳研究，建立和完善评估方法及标准体系，对推进全国范围的低碳城市建设具有典型意义。

1.2　研究意义与目标

1.2.1　研究意义

　　建设低碳城市是我国应对气候变化的重要发展战略，"十二五"期间，中国先后确定了包括温州在内的42个地区开展低碳省区和低碳城市试点工作，并取得了丰硕的成果，积累了大量的经验。各试点地区编制的《应对气候变化和低碳发展"十二五"规划》是引领试点地区低碳城市工作开展的纲领性文件，对温州低碳城市试点开展研究，也是对低碳城市试点工作的重要总结。

低碳城市的研究内容新、涉及领域广、影响作用深，而开展低碳城市系统研究在近几年才逐步开始，如何构建动态、立体、系统的评估体系，科学评估低碳试点的实施效果，及时总结经验，为下一阶段低碳城市建设工作提供建议，已经成为我国推进低碳城市建设面临的重大课题。

目前，"十三五"已近末期，而开展低碳城市系统研究工作的试点地区还十分少见。作为我国低碳城市试点之一，温州市率先开展低碳试点研究，大大丰富了我国低碳城市试点工作的研究内容，为完善试点工作的管理体系和评估体系树立了典型。同时，温州市全面评价低碳试点的实施效果，深入分析存在的问题，及时总结经验，为下一阶段低碳城市建设工作提供建议，对温州市的低碳发展也具有重要意义。

1.2.2 研究目标

摸清温州市温室气体排放总量、分领域排放情况，先行试点建设低碳产业示范园区和低碳社区，全面提升温州市温室气体排放监督管理能力和低碳发展工作能力，积极为全国应对气候变化、降低碳强度、推进低碳发展积累经验。

1.3 研究内容和方法

1.3.1 研究内容

（1）编制温州市温室气体排放清单。结合国家温室气体清单编制方法，研究编制完成温州市 2011～2016 年能源活动、工业生产过程、农业活动、土地利用变化和林业、城市废弃物处理五大领域排放的二氧化碳、甲烷、氧化亚氮、氢氟碳化物、全氟化碳和六氟化硫六种温室气体排放清单总报告以及各领域分报告，在此基础上进行特征和趋势分析。

（2）温州市二氧化碳排放峰值预测及总量控制措施研究。在全市温室气体排放清单编制的基础上，结合经济发展水平和产业结构调整情况，进一步预测温州市温室气体排放实现拐点的时间和峰值的可能范围。针对工业、能源、交通、建筑等温室气体排放量较大的领域，提出工业转型、能源优化、交通及建筑低碳化发展的具体路径，以及相应的政策措施，力争全市二氧化碳排放峰值尽可能早点出现。

（3）研究建立碳减排任务指标分解体系。根据浙江省下达的单位生产总值二氧化碳排放降低的约束性指标，以温室气体排放清单为依据，对温州市各县（市、区）、部门、重点行业及企业的碳减排任务承受能力进行充分调研和科学分析，合理地将碳减排任务按年度分配到各县（市、区），分解落实碳排放控制目标。在指标分解中，将重点研究社会和经济发展过程中对指标产生影响的各种因素，确保分解指标的科学合理、控制得当。

（4）开展温州市低碳社区、低碳乡镇、低碳工业园区评价指标体系研究，建立一套全面反映低碳内涵与特点的指标评价体系，有利于摸清温州市社区、乡镇和工业园区的低碳化建设水平，引导和促进社区、乡镇和工业园区低碳化发展，对于温州市低碳发展战略的实现有着重要的意义。

（5）温州经济技术开发区建设低碳示范园区方案研究。结合工业园区产业导向和入园门槛，研究如何完善项目入园条件与管理流程，对入园企业进行"碳筛选"。针对重点行业和企业，研究和推广低碳技术，加快培育低碳示范企业。研究如何将低碳理念纳入开发区建设过程中，改善园区生态环境，提升共用服务设施利用水平等。研究推广合同能源管理，推动组建低碳节能联盟，促进在产业聚集过程中最大限度地降低资源能源消耗，降低环境成本，实现园区发展的低碳化、生态化和可持续化，探索循环经济与低碳发展的有机结合，在示范基础上进行推广。

（6）重点低碳示范社区建设方案研究。选取居住相对集中、设施相对完善、群众基础较好的郭公山社区，研究如何加快既有建筑供热计量及节能改造，开展太阳能等可再生能源在建筑领域的应用示范和推广；研究开展水源热泵、地源热泵综合利用示范项目等，有效控制和降低建筑的碳排放，并形成可循环持续发展的模式，以点带面示范推广，促进城市居民价值观念和生活、消费方式的变革。

（7）温州市金融中心提升低碳金融服务能力研究。利用温州市金融综合改革试验区先行先试的政策优势，以温州金融集聚区建设为契机，通过推动温州市金融中心要素建设，探讨如何引导各类金融机构支持、参与温州低碳发展，并对温州民间资本如何参与低碳发展进行了有益探索，确立温州低碳金融发展核心，并从政府助力低碳金融发展，提升低碳金融服务能力的角度，提出相关政策建议。

1.3.2 研究方法

本书综合选用文献研究、理论研究、案例研究和实践研究。运用低碳经济理论、生态经济学、人地关系协调理论、城市经济学和城市可持续发展理论等基本理论和方法，采取理论分析与实证分析、定性与定量分析相结合的方式来研究温州低碳城市试点建设。采用的具体方法如下。

1）能源碳排放计算方法

本书能源消费碳排放特征中，能源消费碳排放估算方法是基于《IPCC 国家温室气体清单指南》，即碳排放量=∑（能源 i 的消费量·能源 i 的排放系数）（i 为能源种类）。由于各个国家和地区的能源统计核算方法不同，在本书实际应用中拟做适当修正。

2）可计算的一般均衡（CGE）模型

这类模型基于微观经济学原理构建经济代理人的行为，能够模拟不同行业或部门之间复杂的、基于市场的相互作用关系，其特点是在模型中引入"均衡"和"市场"，模拟生产要素市场、产品市场、资本市场等关系。这类模型的优点是对经济系统的描述比较详细，模型的解包括了市场出清价格、部门的产出、投资、就业、外贸、二氧化碳排放等，并且还可以模拟碳税等经济政策在经济活动中的影响。但这种模型的一大缺点是不能对能源系统做详细的描述，从而不能了解减排技术选择的细节；模型的部分参数估值的有效性问题是该类模型的另一大缺点。

3）层次分析法

将与决策有关的元素分解成目标、准则、方案等层次，并在此基础上进行定性和定量分析。特点是在对复杂决策问题的本质、影响因素及其内在关系等进行深入分析的基础上，利用较少的定量信息使决策的思维过程数学化，从而为多目标、多准则或无结构特性的复杂决策问题提供简便的决策方法。尤其适合于对决策结果难以直接准确计量的场合。

第 2 章

国内外研究进展

2.1 低碳城市概念及内涵

2.1.1 低碳城市内涵

低碳城市就是通过在城市发展低碳经济,创新低碳技术,倡导和践行低碳生活方式,最大限度地减少城市的温室气体排放,改进以往大量生产、大量消费和大量废弃的社会经济运行模式,形成结构优化、循环利用、能效较高的经济体系,形成健康、节约、低碳的生活方式和消费方式,最终实现城市的高效发展、清洁发展、低碳发展和可持续发展。

2.1.2 低碳城市的基本特征

1)经济性

经济性是指以最少的资源和能源投入,换取最大的经济产出,也就是经济的高效化和集约化。要实现低碳城市的经济低碳化、高效化和集约化目标,需要不断优化产业结构,改进生产工艺,促进技术创新,提高经济效益。

2)安全性

低碳城市是在应对气候变化的背景下产生的,气候变化通常表现为海平面上升、土地盐渍化、环境污染、粮食减产、生态恶化和极端天气频发等,直接威胁到人类社会的生存和发展。因此,建设低碳城市是实现粮食安全、生态安全、经济安全和社会安全的保障。

3)系统性

低碳城市是由经济、社会、人口、科技、资源和环境等子系统组成的、时空尺度高度耦合的复杂动态开放巨系统。低碳城市的建设应从城市空间结构、能源利用方式、居民生活方式、法律体制等多方面进行综合推进。

4）动态性

动态性是指低碳目标不是凝固的，而是要不断地调整，不断地适应变化的情况。零碳化是低碳城市追求的终极目标，但这在短期内是很难实现的，在不同时期其目标定位不同。

2.2 低碳城市相关研究进展

2.2.1 城市与碳排放研究

1. 城市能源消费与碳排放

由于能源消耗是城市碳排放的主要排放途径，因此对能源使用的碳排放途径及排放清单的研究对于了解区域城市碳过程具有重要意义，该方面的研究也比较广泛。20世纪人类社会能源消耗量增加了16倍，二氧化碳排放量增加了10倍（Crutzen，2000）。大部分高碳排放的亚洲国家二氧化碳排放量与能源消费量的增加趋势基本一致（Sissiqi，2000）。结合齐玉春和董云社（2004）的研究，城市能源消费产生的碳排放主要来源于以下四个方面：一是工业和电力生产中的化石能源消费；二是燃料在加工、运输与使用过程中的泄漏和挥发；三是交通工具使用造成的碳排放；四是居民家庭生活的化石能源使用。

2. 家庭生活与碳排放

美国学者Edward和Matthew（2010）比较系统地对城市家庭生活碳排放的核算方法体系与应用进行了研究，其选取美国10个典型大城市中心与郊区为案例，对单位家庭交通、采暖、空调等生活能耗进行了实证研究，并且按照单位二氧化碳排放折算成43美元的经济成本核算，从经济学角度，合理地提出了实现城市低碳化发展的对策建议。英国学者Chris（2007）通过对英国家庭生活中碳基能源的统计，把居民各种生活支出与物资消耗定量转化为二氧化碳排放，展示了英国家庭生活碳排放的现状与未来情景，指出应迫切改变现状生活方式，并有针对性地提出英国居民生活的低碳标准。

3. 城市交通与碳排放

随着城市地域的扩展，小汽车在城市交通中的使用频率越来越高，导致交通碳排放的份额越来越大。研究发现，发达国家的交通运输能耗占社会终端能源消耗的 1/4～1/3。例如，2000 年英国道路交通的二氧化碳排放量占国家总排放量的 25% 左右，并且已经超过电力生产带来的碳排放量（张平，2001）。Baldasano 等（1999）对巴塞罗那的研究发现，主要的二氧化碳排放是由私人交通产生，其占研究期内二氧化碳排放总量的 35%。梅建屏等（2009）通过城市微观主体碳排放评测模型，以南京市某单位为例，对不同交通方式能源消费碳排放量进行了评测，认为私人交通的碳排放量明显大于公共交通。

4. 城市建筑与碳排放

研究指出在住宅及公共建筑中的能源使用上，应加强生活及公共建筑使用中节能措施，建筑设计和发展要与当地气候条件相适应，努力实现建筑用能与产能、环保、可再生资源利用相结合，转变建筑的高能耗型消费模式，延长建筑物生命周期；有些学者通过试验比较精确地计算出建筑物在不同的使用方式、空间规模状况下的电能消耗，为每平方米建筑不同使用方式的能源消耗及碳排放强度的计算提供了有力的数据，为城市节能减排提供了参照（清华大学建筑节能研究中心，2008）。

5. 城市空间结构与碳排放

城市空间结构的碳排放研究主要集中在与居民生活交通出行相关的功能分区、土地利用与城市密度等方面。城市蔓延带来的交通碳排放的增加已被大量的事实证明（Joanthan，2006）。近年来城市空间结构上的紧凑化发展为国内外学者的主流思想，在低碳发展的背景下，城市土地开发利用的混合度与强度的提高带来交通通勤距离的缩短势必要求城市空间的紧凑发展（李翅，2006；韦亚平等，2008）。研究表明，城市高密度混合化社区与城市郊区低密度单一功能化社区对于小汽车交通、城市基础设施的需求及生活消耗完全不同，许多学者提出通过提高土地利用密度、混合使用、增加土地利用及交通的整合、推动就业与住房的平衡，可以带动公共交通引导的土地开发模式（丁成日等，2005；潘海啸等，2008）。

2.2.2 中国的碳排放研究

1. 碳排放特征分析

2006年中国二氧化碳排放总量呈由东部沿海向中部和西部地区递减的趋势；高排放区域主要集中在东部沿海发达地区和内蒙古、河南等少数内陆省份，总体形成内蒙古-河北-辽宁-山东-江苏-浙江的高排放连绵带（以环渤海区和长三角为主）和珠三角高排放区；从各省份二氧化碳排放密度看，主要集中在环渤海湾、长三角、珠三角等城市化密集地区，其二氧化碳排放量均在1800吨/千米^{2}以上（曲建升等，2008）。张雷等（2010）通过对国内碳排放区域格局变化研究发现，东部地区的碳排放始终在全国占据着主导地位；中部地区碳排放在全国的比重表现出稳中有降的态势；西部地区比重虽较小，但基本保持着上升的趋势。

2. 碳排放的机理分析

在对碳排放的机理分析中，大部分学者用指数分解分析法（IDA）分析了碳排放机理，Wu等(2006)用LMDI方法研究了1980~2002年的碳排放，指出1980~1996年，经济规模、化石燃料结构和能源强度在能源需求方面是驱使碳排放变化的主因，而能源供给结构和效率的变化影响较小，然而，在1997~2002年，能源终端和转换部门效率的加速提高解释了碳排放减少与一次能源供给量的相关性。Wang等（2005）指出在1957~2000年，理论上碳排放减少量为24.66亿吨，95%的总量减少要归功于能源强度的减少，只有1.6%和3.2%为化石燃料的结构和可再生能源的突破。Fan等（2007）指出在1987~2002年工业结构部分抵消了碳排放的减少，终端能源结构的变化部分弥补了碳强度的降低，碳强度的降低应该关注原材料生产部门的能源使用，尤其是工业部门。Liu和Ang（2007）分析了工业部门的碳排放变化，发现化学原料及化学制品业、非金属矿物制品业和黑色金属冶炼及压延加工业等部门占到工业部门碳排放的59.31%。Zhang等（2008）分析了1991~2006年影响碳排放变化的因素，研究发现能源强度降低是碳排放减少的主导因素，经济增长是碳排放增加的主要因素。

刘兰翠等则从各省份角度分析了中国1997~2007年碳排放变化，发现中国二氧化碳排放主要来源于工业化大省，如河北、江苏、浙江、山东、河南和广东，经济增长和能源强度的降低对二氧化碳的排放产生最重要的影响，经济增长是碳排放增加的关键因子，改变能源强度可能减少二氧化碳的排放。并且提出在今后的一段时间中国的碳减排政策应该关注省际差异。马蓓蓓等（2010）以陕西省为例，对其自中华人民共和国成立以来碳排放的数量和结构变化进行回顾，并利用SPSS 软件从经济总量、产业结构、消费特征、能源结构和利用效率等方面对影响其变化的主要因素进行分析，指出其今后应从碳源和碳汇两个角度，三次产业、低碳生活和碳汇的三个层面走低碳化的发展道路。

这些研究都指出中国的经济增长和能源强度是影响中国碳排放的两个最主要因子，而其他因子如能源结构、经济结构和碳排放系数的作用相对较小，但是它们的作用也不能忽视。然而研究大都是基于国家层面或者省级尺度的碳排放，缺少对城市碳排放的系统研究（秦耀辰等，2010）。当前，发达国家已经广泛建立城市长时间序列的二氧化碳排放数据库，对二氧化碳排放变化机理进行了深入的探讨（Institute World Resources，2007；Gibbs，2009）。目前，国内建立城市二氧化碳排放数据库还比较少，也缺乏长时间序列的趋势研究，对于城市二氧化碳排放变化机理研究更少，进而使城市减排措施和政策缺乏明确的方向。

2.2.3　碳排放情景预测模型

能源模型被广泛地应用于分析区域未来的能源需求趋势和温室气体减排政策，这些模型可以分为三种类型：从上到下模型、从下至上模型和混合模型。从上到下模型是利用总量经济变量（如总产值、总收入等）来评价系统，从经济发展对部门的影响出发，优点是能够较好地描述国民经济中各部门的相互作用，但缺点是对能源生产、利用技术等方面描述得比较抽象（Bohringer and Rutherford，2009），此类的代表模型有 EPPA 模型、MERGE 模型和 CGE 模型。Babiker 等（2009）主要基于 MIT 排放预测和政策分析模型进行了多尺度的一般均衡模型的气候政策分析。Bollen 等（2009)针对气候变化和地方空气污染缓解，利用 MERGE 模型提出了一个综合评估方法。从下至上模型则从技术进步的角度来分析系统，对各种技术工艺流程有非常详细的描述，能够比较清晰地解释资源消耗变化的原因。Strachan 等（2009）利用 MARKAL 模型讨论了英国长时间尺度的低碳发展情景的能源政策。MARKAL 模型也被广泛地应用于分析能源系统和温室气体减排情景（Cosmi et al.，2009），Liu 等（2009）用 MESSAGE 模型分析了中国关键能源利用技术以及其对温室气体减缓的贡献。由于未与宏观经济模块有机地联系在一起，因而从下至上模型难以分析能源需求变化对经济的影响(Turton，2008）。整合两类模型优点的混合模型将成为评估碳排放情景及碳减排技术的发展趋势。

2.2.4 低碳城市发展模式研究

Lebel 等（2007）对低碳城市发展模式进行了探索，认为实现低碳城市应从以下几个方面出发：①调节城市规划，在城市化进程中将碳管理整合到城市发展的关键过程中，如建筑设计和布局应考虑提高居住的节能和效率、采取紧凑的块状格局使城市功能更有效地发挥、增加城市树木和绿地空间可以增加碳吸收并降低城市热岛效应等；②建设低碳交通系统，如尽量采用大容量的公共交通体系，抑制私人机动车的发展，这可以在很大程度上减少交通领域的碳排放，同时，采用清洁能源和新能源降低对化石燃料的依存度；③积极推进行业的技术创新，以提高能源使用效率和减少碳排放；④倡导居民低碳饮食习惯，基于科学合理的营养搭配和指导产业规划措施来生产并提供人们所需的食物，这不仅有利于人体健康，还可以减少碳排放和增加土壤碳固定；⑤调控过度消费带来的碳排放，为低收入群体提供廉价、清洁和安全的出行方式、居住环境、工作和饮食等，同时向消耗大量资源及排放大量碳的群体征税。

根据我国的具体情况，国内学者从不同角度提出了低碳城市发展模式，冯之浚和牛文元（2009）认为国内的城市应以集群经济、循环经济和知识经济"三大经济"为核心，推进产业结构创新、节能减排创新、内涵发展创新，实现城市的低碳发展。付允等（2008）提出基底低碳（能源发展低碳化）、结构低碳（经济发展低碳化）、方式低碳（社会发展低碳化）和支撑低碳（技术发展低碳化）的低碳城市发展路径。戴亦欣（2009）讨论建设低碳城市所必需的治理模式和制度建设模式，提出了基于城市历史传承和社会经济发展特点的政府、市场、公民三方协作互动模型。陈飞和诸大建（2009）以上海为例通过模型指标及评价标准的建立，定量化研究城市发展过程中的碳排放量，找出现实矛盾及问题，确定城市未来低碳发展目标，制定基于城市生活低碳化、物质生产循环化及城市空间紧凑化的脱钩发展策略。

部分学者从某一具体部门出发，探讨低碳发展的模式。Andrew（2009）针对发达国家提出了发展低碳社会的交通基础设施建设：①在提高交通体系碳效率的基础上，增加交通基础设施建设；②转变交通的能源供应方式，支持电动车发展以及低碳充电设施建设；③改进交通管理，促进智能化的信息系统建设；④通过征收碳税，增加资金来源用来支持交通基础设施建设。Toshihiko 等（2010）通过利用低碳或无碳能源资源、先进的能源资源高效转换利用技术突破、部门能源需求的详细标准的执行和农村能源的节约利用四个方面详述了转变到低碳社会的能源系统，探讨了建立低碳社会的可能性。潘海啸（2010）以上海为例分析了城市交通政策、土地使用控制和轨道交通建设对延缓个人机动化快速发展的作用，最后提出了有利于建设具有中国特点的低碳城市的城市交通与土地使用的 5D 模式。

2.2.5　研究趋势展望

根据以上分析，未来低碳城市的研究将会集中在以下几个方面：

（1）城市碳排放综合模型。从城市系统碳通量的角度，结合自然和人文因素综合构建城市碳排放模型，对城市碳排放进行监测，能够进一步认识和了解城市碳排放的影响机理。

（2）城市碳排放过程的驱动机制研究。城市碳排放过程具有较强的空间异质性，不同区域的城市、城市的不同功能区的碳排放的规模和速率也存在差异。加强不同自然经济社会条件的城市、不同城市功能区碳排放过程的机制研究，对于研究更大范围内城市化进程中碳排放规律至关重要。

（3）未来城市碳排放的情景预测。基于不同政策环境与技术条件下的碳排放预测，有助于对城市实现低碳发展目标提供可行的定量化管理。

（4）低碳城市发展模式探讨。不同的城市由于碳排放驱动机制的不同，实现低碳发展的途径有所不同，加强对不同城市的低碳发展模式探讨，有利于丰富低碳城市的理论内涵。

（5）低碳技术、碳管理与碳交易市场机制的研究。这些方面在城市的研究应用，将对实现低碳城市目标提供强大的支撑作用。

2.3　国内外低碳城市发展实践

2.3.1　国外低碳城市建设实践

国外低碳城市建设在国家行动、地区示范、城区建设不同层面开展了大量的实践，知名的低碳城市示范项目包括瑞典哈马碧滨水新城、荷兰太阳城、英国贝丁顿住区、阿拉伯联合酋长国马斯达尔城、日本丰田市新能源低碳智能城等。

1. 瑞典哈马碧滨水新城

哈马碧滨水新城（图 2.1）位于瑞典斯德哥尔摩东南部的哈马碧湖畔。整个新城坐落在一个废弃的工业区——码头区，环抱着哈马碧湖。

（a）鸟瞰图

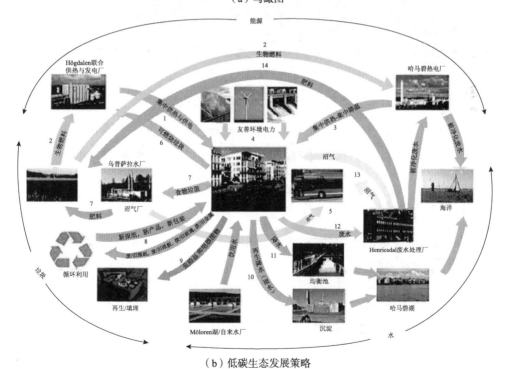

（b）低碳生态发展策略

图 2.1　瑞典哈马碧滨水新城鸟瞰图和低碳生态发展策略

20 世纪 90 年代，斯德哥尔摩市申办 2004 年奥运会，哈马碧区域被划定为奥运村，制订了包含着可持续发展理念的创新规划模式，形成一套被称为"哈马碧模式"的全新的、整合的环境处理方案，包括能源供给、垃圾回收、供水及污水处理等方面。虽然最终申奥未能成功，但可持续的规划理念被保留了下来并最终付诸实施。

2. 荷兰太阳城

太阳城（图 2.2）位于荷兰北荷兰省雨果低地市南部边缘，原是城市边缘区的低洼农田，占地 3 平方千米，其中建设用地 1.23 平方千米，湿地公园用地 1.77 平方千米。

（a）鸟瞰图　　　　　　　　　　（b）低碳生态发展特色

图 2.2　荷兰太阳城鸟瞰图和低碳生态发展特色

20 世纪 90 年代初，荷兰以太阳能为新区建设的出发点，旨在增加太阳能利用，减少碳的排放，为欧盟实现减碳目标提供示范。在城市边缘建设一个新城区，充分利用太阳能，减少碳排放，推广建筑光伏一体化设计和施工。

3. 英国贝丁顿住区

贝丁顿住区（图 2.3）位于英国伦敦南部萨顿，以居住为主，兼有工作场所。于 2000 年动工，2002 年入住。

整个住区占地 1.7 公顷，共有 82 户，是英国目前已建成的建筑项目中最全面、最集中体现生态及可持续发展概念的实例之一，英国皇家建筑师学会于 2003 年授予了该住区年度可持续发展奖。设计师以不牺牲现代生活舒适性为前提，建造节能环保的和谐住区。实现不用传统采暖系统的目标，建立了一个新型的城市住区，展示未来城市住宅的发展方向。

图 2.3 英国贝丁顿住区图

4. 阿拉伯联合酋长国马斯达尔城

马斯达尔城（图 2.4）位于阿拉伯联合酋长国首都阿布扎比郊区，距市中心 17 千米。总规划面积接近 7 平方千米，于 2008 年初动工，预计 2020～2025 年完工，投入约 200 亿美元，项目建成后可容纳 5 万人。一期建成马斯达学院。

（a）鸟瞰图　　　　　　　　　　　（b）低碳生态发展特色

图 2.4 阿拉伯联合酋长国马斯达尔城鸟瞰图和低碳生态发展特色

马斯达尔城在沙漠地区建设的一座探索未来城市发展模式的新城。新城吸引了大量的投资，主要是对研发项目的投入，力图将新城建设成为可再生能源技术的聚集地，将可再生能源技术在此展示、研究、测试、发展和应用，最终得以推广。

5. 日本丰田市新能源低碳智能城

日本丰田市新能源低碳智能城（图 2.5），丰田市因丰田汽车总部所在得名，人口约 42.3 万，面积 918 平方千米，2009 年和 2010 年，丰田市先后被日本政府评选为"环境示范城市行动计划"和"新能源低碳社会系统示范"城市。

图 2.5   日本丰田市新能源低碳智能城低碳生态发展特色

丰田市新能源低碳智能城旨在削减碳排放，构建低碳社会，将技术与经济发展、居民生活结合，挖掘低碳社会所需的未来技术，进行深度开发和运用，进行"创能（太阳能发电）、节能（节能家电）、储能（蓄电池）"系统的示范。

2.3.2   国内低碳城市建设实践

与国际上低碳发展的潮流相呼应，全国以"低碳生态城市"建设为目标的城市有 200 多个。目前全国正开展的低碳生态项目超过 50 个，其中约 20 个为国际合作项目，合作方包括美国、英国、新加坡、德国、法国、瑞典、芬兰、日本等。

1. 天津中新生态城

天津中新生态城（图 2.6）位于天津滨海新区内，处于滨海新区核心区的东北，总面积 31.23 平方千米，于 2008 年 9 月开工，预计 15 年时间基本完成，为 35 万人提供居住场所。

（a）鸟瞰图 　　　　　　　　　　　　（b）低碳生态发展特色

图 2.6 　天津中新生态城鸟瞰图和低碳生态发展特色

该生态城是中国和新加坡的战略性合作项目，得到了中新两国政府的高度重视。2007 年 11 月，温家宝总理和新加坡李显龙总理签署了生态城框架协议，开始了中新生态城的建设。2008 年中新生态城完成总体规划并奠基开工，2012 年中新生态城宣布 8 平方千米起步区基本建成。

2. 唐山曹妃甸生态城

唐山曹妃甸生态城（图 2.7）位于曹妃甸工业区西侧，距唐山 80 千米。基地有大量油井分布，是优良的天然港口和重要的工业基地。

（a）鸟瞰图 　　　　　　　　　　　　（b）低碳生态发展特色

图 2.7 　唐山曹妃甸生态城鸟瞰图和低碳生态发展特色

在国家大力开展生态城建设的背景下，政府希望通过曹妃甸生态城的建设推动环渤海地区循环经济的发展，并对沿海地区城市的可持续发展起到带头示范作用。规划吸收国外生态城市规划建设的成熟理念及技术，并借鉴瑞典马尔默城、哈马碧生态城等"共生城市"的成功经验。

3. 新疆吐鲁番新区

新疆吐鲁番新区（图 2.8）选址于老城区以东，与举世闻名的葡萄沟为邻，占地面积 8.81 平方千米，规划 2020 年完成，将为 6 万名各族群众提供居住和工作场所。

（a）鸟瞰图　　　　　　　　　　　（b）低碳生态发展特色

图 2.8　新疆吐鲁番新区鸟瞰图和低碳生态发展特色

2008 年，吐鲁番地方政府邀请可持续城市发展研究中心主持吐鲁番新区的规划、设计和研究工作，为我国西北干旱半干旱地区的城镇化可持续发展树立典范。吐鲁番市属于暖温带干旱荒漠气候，高温、多风、干燥，太阳能资源丰富。基于对吐鲁番资源条件的分析，吐鲁番新区建设从充分利用太阳能资源出发探索新的城市发展模式。

4. 深圳光明新区

深圳光明新区（图 2.9）位于深圳市西部地区，成立于 2007 年，新区占地 156.1 平方千米，规划人口 80 万，是深圳目前最大的可连片开发建设区域。

光明新区位于郊区，大力推动绿色低碳发展，探索在城市发展转型和南方气候条件下逐步实现低碳生态城市建设模式，即"渐进常态化"低碳生态城的建设模式和绿色建筑连片发展，把乡野引入城市，把市民送到田园。

图 2.9　深圳光明新区低碳生态发展特色

5. 台湾澎湖低碳岛

台湾澎湖低碳岛（图 2.10）位于台湾海峡中，台湾西南部，包括 64 个岛屿。该项目规划用地 127 平方千米，计划容纳 3 万户家庭，8.8 万人。

图 2.10　台湾澎湖低碳岛低碳生态发展特色

2009 年，台湾地区召开能源会议，会议提出要将台湾按照"低碳社区-低碳城市-低碳生活"的渐进模式建设成一个低碳社会，并成为世界级的清洁岛，实现超过 55%的可再生能源利用。2010 年 3 月 4 日，澎湖低碳试点计划通过了"节能和减碳计划"，成了 35 个基准计划之一。

2.3.3 国内低碳城市试点工作进展和成效

我国除了在上述新城区、城区、社区尺度开展的低碳城市实践以外，为了积极探索我国新型工业化、城镇化进程中的绿色低碳发展道路，自 2010 年开始低碳城市试点工作。

2010 年 7 月 19 日，国家发展和改革委员会下发文件，确定在广东、辽宁、湖北、陕西、云南五省和天津、重庆、深圳、厦门、杭州、南昌、贵阳、保定八市开展低碳试点工作。2012 年 11 月 26 日，国家发展和改革委员会下发《关于开展第二批国家低碳省区和低碳城市试点工作的通知》，确定了包括温州在内的 29 个地区开展低碳省区和低碳城市试点工作。经过 4 年的实践，试点地区紧密结合自身实际，找准着力点和突破口，创造性地开展了工作。

1. 编制低碳发展规划，加强规划引领

试点地区充分认识到了发展模式的总体设计在低碳试点工作中的重要性，将应对气候变化工作全面纳入本地区"十二五"规划，全部试点地区都完成了低碳发展规划或应对气候变化规划，明确提出了低碳发展的主要目标、指导思想、基本原则、重点任务及保障措施等，并进一步细化了"试点工作实施方案"。同时，部分试点地区还发布了节能、发展清洁能源、循环经济、建筑、交通等方面的专项规划。

2. 出台支持配套政策，完善实施体系

全部试点地区成立了以省（市）长或省（市）委书记为组长的低碳工作领导小组，领导小组办公室基本都设在发展和改革委员会，有利于统筹、协调和推进全部试点地区的低碳发展工作。试点地区通过建立决策咨询机制、基础研究机制、试点示范机制、对外交流合作机制等，创造了有利于低碳发展的体制机制。同时，试点地区通过落实专项资金、财税激励政策、政府优先采购等政策工具，并辅以市场手段形成合力，为试点工作的顺利实施提供政策保障。

3. 稳步推进低碳产业发展，优化产业结构

从优化经济结构看，针对不同产业和行业的主要措施包括以下方面：

（1）推动传统制造业的低碳化，加快淘汰电力、钢铁、化工、水泥、印染等行业的落后产能，通过高新技术、低碳技术推动传统制造业低碳化。

（2）优化产业结构，通过制定规划、出台法规、提供专项资金和财税优惠、试点示范等措施，加大扶持力度，推动新能源、电子信息与新材料等战略性新兴产业的发展。

（3）加快发展服务业，不断提高服务业在国民经济中的比重。

4. 编制温室气体排放清单，建设考核体系

试点地区均开展了温室气体排放清单的编制工作，为掌握试点地区的碳排放信息提供了基础支撑。试点城市基本完成了2010年清单编制工作，清单编制工作正逐步成为常态化。此外，试点地区积极部署工作协调机制，根据国务院《"十二五"控制温室气体排放工作方案》落实各地区控制二氧化碳排放的指标分解方案和考核体系。

5. 倡导低碳消费和低碳生活理念

试点地区积极推动低碳交通，将低碳交通或绿色交通内容落实到各试点地区的低碳试点行动实施方案中，并作为各试点地区的重点行动或主要工作内容推出，包括优先发展公共交通、推广新能源汽车以及发展智能交通等内容。试点地区还积极推动低碳建筑，主要有既有建筑节能改造；新建建筑在设计和施工阶段严格实行节能标准；开展公共机构节能改造和用能监测；开展可再生能源的建筑应用，其中以太阳能生活热水器、太阳能光伏一体化、农村生物质能与地源热泵的应用为主；推广应用新型节能材料、产品和技术，推动绿色建筑的发展。

6. 加大低碳环保的宣传力度

试点地区注重扩大舆论宣传，通过报纸、电台、电视、网络等媒体开展广泛的宣传教育及社会动员活动。试点地区充分发挥政府在建设低碳生活中的表率作用，通过大力推进"低碳办公"，建设低碳社区和示范项目，促进居民价值观和生活消费方式的变革。

7. 建立低碳发展保障长效机制

试点地区全部建立了一套"政府领导规划、部门分工合作"的工作机制，同时正在积极制定进一步的排放控制指标任务分解和考核制度。各试点地区积极开展地方性法规和规章制度建设，保障试点工作有效开展。部分试点地区开展了低碳产品认证和标准标识制度，并通过税收优惠和政府采购等措施鼓励低碳产品的

推广和应用。

8. 因地制宜，推进特色发展

低碳城市建设的路径多种多样，已有低碳城市试点主要结合自身的自然资源条件、产业、森林碳汇等开展试点工作。广东围绕"加快转型升级、建设幸福广东"核心任务，做好产业转型升级、促进节能减碳约束性指标完成和保障重大项目审批建设的"三个结合"。云南则以当地生态资源为优势，大力发展旅游业，加快开发水力发电，推进"森林云南"建设。天津着力建设中新生态城，提倡绿色健康的生活方式和消费模式，建设生态宜居城市。重庆定位于建设成为国家低碳发展先导示范区，通过制度设计和政策激励，引导企业和社会参与。杭州着力建设低碳经济、低碳交通、低碳建筑、低碳生活、低碳环境、低碳社会"六位一体"的低碳示范城市。

2.3.4　温州市低碳城市试点工作进展

温州市作为第二批低碳试点城市，努力探索一条以低碳产业为主导、低碳金融为特色、低碳能力建设为支撑、低碳社会为基础的温州特色低碳发展道路。

一是以金融中心为依托，开展低碳领域金融创新。温州市率先在全国地级市中建立了中国绿色碳基金专项，抓住温州市金融综合改革试验区建设机遇，积极探索建立政府性低碳产业投资基金和低碳创业引导基金，并引进国内低碳领域投资基金及基金管理公司，探索低碳产业多元化融资模式。

二是以低碳试点工作需求为导向，探索财政支持低碳发展能力建设新模式。市财政局每年安排 2000 万元作为市低碳城市建设专项资金，此外市发展和改革委员会同市财政局，通过联合发文向全社会公开招聘研究项目服务人员。

三是加强低碳宣传，引导全社会形成低碳消费模式。组建温州市低碳发展宣讲团，作为建设低碳乡镇和企业试点的推动者。举办以低碳生活为主题的贺卡创作大赛，使中小学生成为低碳城市建设的宣传者。采用手机报形式征集低碳生活小窍门，使市民成为低碳生活的实践者。

第 3 章

温州市温室气体排放清单编制研究

3.1 温室气体排放清单编制原则

1. 通力合作，协调配合的原则

温室气体排放清单编制工作涉及领域广，系统性强，各部门、各单位必须加强组织领导，通力合作，协调配合。

2. 实事求是，尊重科学的原则

温室气体排放清单编制工作专业性强，数据收集、计算和有关调研工作，必须从实际出发，实事求是，才能确保清单成果数据的准确性和科学性并与浙江省经济社会发展状况相一致，为制定温州市应对气候变化有关政策措施提供科学依据。

3. 先易后难，循序渐进的原则

温室气体排放清单编制工作是一项全新的工作，温州市基础工作薄弱，根据国家发展和改革委员会的统一部署和指导，按《省级温室气体清单编制指南》和《IPCC 国家温室气体清单指南》，从简单到复杂，依序推进，完成清单编制工作。

4. 加强指导，抓好培训的原则

请相关专家对清单编制工作人员给予业务培训，增加工作有效性和可操作性，为今后做好清单编制工作打好基础，对清单编制工作进行全程业务指导，同时借鉴国外先进的清单编制经验，使清单编制工作更具科学性和合理性。

3.2　温室气体排放清单编制方法

3.2.1　温州市能源活动领域温室气体排放清单编制方法

1. 化石燃料燃烧温室气体排放清单编制方法

温州市能源活动化石燃料燃烧温室气体排放清单编制拟采用以详细技术为基础的部门方法（也称 IPCC 方法 2）。该方法基于分部门、分燃料品种、分设备的燃料消费量等活动水平数据，以及相应的排放因子等参数，通过逐层累加综合计算得到总排放量。计算公式如下：

$$温室气体排放量 = \sum\sum\sum (EF_{i,j,k} \times Activity_{i,j,k}) \tag{3.1}$$

式中，EF 为排放因子，千克/万亿焦耳；Activity 为燃料消费量，万亿焦耳；i 为燃料类型；j 为部门活动；k 为技术类型。

其中，燃料消费量以热值表示，需要通过将实物量数据乘以折算系数获得。

计算步骤如下：

（1）确定清单采用的技术分类，基于地区能源平衡表及分行业、分品种能源消费量，确定分部门、分品种主要设备的燃料燃烧量；

（2）基于设备的燃烧特点，确定分部门、分品种主要设备相应的排放因子数据。对于二氧化碳排放因子，也可以基于各种燃料品种的低位发热量、含碳量以及主要燃烧设备的碳氧化率确定；

（3）根据分部门、分燃料品种、分设备的活动水平与排放因子数据，估算每种主要能源活动设备的温室气体排放量；

（4）加总计算出化石燃料燃烧的温室气体排放量。

温州市能源活动二氧化碳排放量采用参考方法进行检验（也称 IPCC 方法 1），参考方法是基于各种化石燃料的表观消费量、与各种燃料品种的单位发热量、含碳量，以及燃烧各种燃料的主要设备的平均氧化率，并扣除化石燃料非能源用途的固碳量等参数综合计算得到的。计算公式为

$$二氧化碳排放量 = (燃料消费量（热量单位）\times 单位热值燃料含碳量 - 固碳量) \times 燃料燃烧过程中的碳氧化率 \tag{3.2}$$

计算步骤如下：

（1）估算燃料消费量。

燃料消费量=生产量+进口量–出口量–国际航海/航空加油–库存变化

（2）折算成统一的热量单位。

燃料消费量（热量单位）=燃料消费量×换算系数（燃料单位热值）

（3）估算燃料中总的碳含量。

燃料含碳量=燃料消费量（热量单位）×单位燃料含碳量（燃料的单位热值含碳量）

（4）估算能长期固定在产品中的碳量。

固碳量=固碳产品产量×单位产品含碳量×固碳率

（5）计算净碳排放量。

净碳排放量=燃料总的含碳量–固碳量

（6）计算实际碳排放量。

实际碳排放量=净碳排放量×燃料燃烧过程中的碳氧化率

其中，固碳率是指各种化石燃料在作为非能源使用过程中，被固定下来的碳的比率，由于这部分碳没有被释放，所以需要在排放量的计算中予以扣除；碳氧化率是指各种化石燃料在燃烧过程中被氧化的碳的比率，表征燃料的燃烧充分性。

2. 生物质燃料燃烧温室气体排放清单编制方法

考虑到生物质燃料燃烧的甲烷和氧化亚氮排放与燃料种类、燃烧技术、设备类型等因素紧密相关，温州市生物质燃料燃烧温室气体排放清单编制可采用设备法（IPCC 方法 2），具体计算公式为

$$温室气体排放量 = \sum\sum\sum (EF_{a,b,c} \times Activity_{a,b,c}) \tag{3.3}$$

式中，EF 为排放因子，千克/万亿焦耳；Activity 为活动水平，万亿焦耳；a 为燃料品种；b 为部门类型；c 为设备类型。

3. 石油和天然气系统逃逸排放清单编制方法

温州市石油和天然气系统甲烷逃逸排放估算方法，主要基于所收集到的以下表征活动水平的数据：一是油气系统基础设施（如油气井、小型现场安装设备、主要生产和加工设备等）的数量和种类的详细清单；二是生产活动水平（如油气产量、放空及火炬气体量、燃料气消耗量等）；三是事故排放量（如井喷和管线破损等）；四是典型设计和操作活动及其对整体排放控制的影响。根据合适的排

放因子确定各个设施及活动的实际排放量,最后把上述排放量汇总得到总排放量。

4. 电力调入或调出二氧化碳间接排放量核算

尽管火力发电企业燃烧化石燃料直接产生的二氧化碳排放与电力产品调入或调出隐含的二氧化碳(也可称为间接排放)有着本质的区别,但考虑到电力产品的特殊性以及科学评估非化石燃料电力对减缓二氧化碳排放的贡献,需要核算由电力调入或调出所带来的二氧化碳间接排放量。具体核算方法可以利用市境内电力调入或调出电量乘以该调入或调出电量所属区域电网平均供电排放因子,由此得到温州市由电力调入或调出所带来的所有间接二氧化碳排放。

$$电力调入或调出二氧化碳间接排放 = 调入或调出电量 \times 区域电网平均供电排放因子 \quad (3.4)$$

其中,调入或调出电量这一数据可以从温州电力公司获得,并以千瓦时为单位;区域电网供电平均排放因子则参考《省级温室气体清单编制指南》,其中华东区域的指标为 0.928 千克二氧化碳/千瓦时。

3.2.2　温州市工业生产过程领域温室气体排放清单编制方法

工业生产过程温室气体排放清单报告是指工业生产中能源活动温室气体排放之外的其他化学反应过程或物理变化过程的温室气体排放,省级温室气体排放清单范围主要包括水泥生产过程二氧化碳排放,石灰生产过程二氧化碳排放,钢铁生产过程二氧化碳排放,电石生产过程二氧化碳排放,己二酸生产过程排放,硝酸生产过程氧化亚氮排放,一氯二氟甲烷生产过程三氟甲烷排放,铝生产过程全氟化碳排放,镁生产过程六氟化硫排放,电力设备生产过程六氟化硫排放,半导体生产过程氢氟烃、全氟化碳和六氟化硫排放或其他生产过程温室气体排放。而在温州市的调研中发现,温州在工业生产过程领域中涉及温室气体排放的工业产品主要有合成氨、锌、酒、电气设备等,因此只需核算以上四种产品工业生产过程中的温室气体排放量即可。

1. 合成氨生产过程温室气体排放清单编制方法

温州市合成氨企业生产过程温室气体排放清单编制拟采用工厂级输出数据和缺省值(IPCC 方法 2),合成氨生产中的二氧化碳排放量计算公式如下:

$$E = \sum (AP \times FR \times CCF \times COF \times 44/12) - R \quad (3.5)$$

式中，E 为二氧化碳排放量，千克；AP 为氨气产量，吨；FR 为每单位产出的燃料需求，10^9 焦耳/吨生产的氨气；CCF 为燃料的碳含量因子，千克二氧化碳/10^9 焦耳；COF 为燃料的碳氧化因子；R 为下游使用回收的二氧化碳（碳酸氢铵），千克；燃料的碳含量因子（CCF）和碳氧化因子（COF）的获得采用缺省值。碳酸氢铵产量数据从统计资料获得。

2. 锌生产过程温室气体排放清单编制方法

温州市锌企业生产过程温室气体排放清单编制拟采用工厂级输出数据（IPCC 方法 2），而 IPCC 方法 2 完全基于工厂级输入数据。从总燃料需求或总燃料需求（用于锌生产）估算得出的值中估算排放。锌生产中的二氧化碳排放量计算公式如下：

$$E = ET \times EFET + PM \times EFPM + WK \times EFWK \tag{3.6}$$

式中，E 为二氧化碳排放量，吨；ET 为通过电热蒸馏生产的锌的数量，吨；EFET 为电热蒸馏的排放因子，吨二氧化碳/生产的锌吨数；PM 为火法冶炼过程（密闭鼓风炉过程）的锌产量，吨；EFPM 为火法冶炼过程的排放因子，吨二氧化碳/生产的锌吨数；WK 为威尔兹回转窑过程的锌产量，吨；EFWK 为威尔兹回转窑过程的排放因子，吨二氧化碳/生产的锌吨数。

3. 啤酒、白酒生产过程温室气体排放清单编制方法

温州市啤酒、白酒企业生产过程温室气体排放清单编制拟采用统计数据（IPCC 方法 2），而 IPCC 方法 2 完全基于国家统计数据。

啤酒企业生产过程中安装二氧化碳回收装置，企业主要回收二氧化碳浓度达到 99% 以上，每 100 吨啤酒可以回收二氧化碳 24.4 千克。优良做法是在高层方法排放计算中扣除回收的二氧化碳。啤酒生产中的二氧化碳排放量计算公式如下。

啤酒温室气体排放量：

$$E = \sum (BP_{啤酒} \times 排放比例) - R \tag{3.7}$$

式中，E 为二氧化碳排放量，千克；R 为下游使用回收的二氧化碳，千克；$BP_{啤酒}$ 为啤酒产量，吨。

白酒温室气体排放量：

$$E = \sum (BP_{啤酒} \times 排放比例) \tag{3.8}$$

式中，E 为二氧化碳排放量，千克；$BP_{啤酒}$ 为白酒产量，吨。

4. 电气设备中的六氟化硫排放清单编制方法

估算温州地区电气行业高压开关设备生产过程中六氟化硫排放量的计算公式见式（3.9），此方法是《2006 年 IPCC 国家温室气体清单指南》推荐的方法，也是我国国家温室气体清单编制所采用的方法。

$$E_{SF_6} = \sum EF_i \times AD_i \qquad (3.9)$$

式中，E_{SF_6} 为温州地区六氟化硫气体排放量；AD_i 为温州地区生产制造六氟化硫高压断路器的六氟化硫充气量及生产制造 GIS 组合设备的六氟化硫充气量；EF_i 为温州地区生产制造六氟化硫高压断路器及生产制造 GIS 组合设备过程中气体泄漏因子。

3.2.3　温州市农业活动领域温室气体排放清单编制方法

1. 稻田甲烷排放清单编制方法

稻田甲烷排放清单编制方法总体上遵守《2006 年 IPCC 国家温室气体清单指南》的基本方法框架和要求，即首先分别确定稻田类型的排放因子和活动水平，依据式（3.10）计算排放量。

$$E_{CH_4} = \sum EF_i \times AD_i \qquad (3.10)$$

式中，E_{CH_4} 为稻田甲烷排放总量，吨；EF_i 为分类型稻田甲烷排放因子，千克/公顷；AD_i 为对应于该排放因子的水稻播种面积，公顷；i 为稻田类型，分为单季稻、双季早稻、双季晚稻。

2. 农用地氧化亚氮排放清单的编制方法

农用地氧化亚氮排放包括两部分：直接排放和间接排放。直接排放是由农用地当地氮输入引起的排放。输入的氮包括氮肥（N 化肥）、粪肥（N 粪肥）和秸秆还田（N 秸秆）。间接排放包括大气氮沉降引起的氧化亚氮排放和氮淋溶径流损失引起的氧化亚氮排放。计算公式如下：

$$E_{N_2O} = \sum (N_{输入} \times EF) \qquad (3.11)$$

式中，E_{N_2O} 为农用地氧化亚氮排放总量（包括直接排放、间接排放）；$N_{输入}$ 为各排放过程氮输入量；EF 为对应的氧化亚氮排放因子，千克 N_2O/千克氮输入量。

3. 动物肠道发酵甲烷排放清单的编制方法

估算动物肠道发酵甲烷排放，分为以下三步。

步骤 1：根据动物特性对动物分群；

步骤 2：分别选择或估算动物肠道发酵的甲烷排放因子，单位为千克/（头·年）；

步骤 3：子群的甲烷排放因子乘以子群动物数量，估算子群的甲烷排放量，各子群甲烷排放量相加可得出甲烷排放总量。

某种动物的肠道发酵甲烷排放量，估算如下所示：

$$E_{CH_4,enteric,i} = EF_{CH_4,enteric,i} \times AP_i / (10^6 \text{千克} / 10^9 \text{克}) \tag{3.12}$$

式中，$E_{CH_4,enteric,i}$ 为第 i 种动物甲烷排放量，10^9 克甲烷/年；$EF_{CH_4,enteric,i}$ 为第 i 种动物甲烷排放因子，千克/（头·年）；AP_i 为第 i 种动物的数量，头。

动物总排放量计算如下所示：

$$E_{CH_4} = \sum E_{CH_4,enteric,i} \tag{3.13}$$

式中，E_{CH_4} 为动物肠道发酵甲烷总排放量，10^9 克甲烷/年；$E_{CH_4,enteric,i}$ 为第 i 种动物甲烷排放量。

4. 动物粪便管理甲烷和氧化亚氮排放清单的编制方法

1）动物粪便管理甲烷排放清单的编制方法

各种动物粪便管理甲烷排放清单等于不同动物粪便管理方式下甲烷排放因子乘以动物数量，然后相加可得总排放量。

估算动物粪便管理甲烷排放主要分以下四步进行。

步骤 1：从动物种群特征参数中收集动物数量；

步骤 2：根据相关动物品种、粪便特性以及粪便管理方式使用率计算或选择合适的排放因子；

步骤 3：排放因子乘以动物数量即得出该种群粪便甲烷排放的估算值；

步骤 4：对所有动物种群排放量的估算值求和即为该省排放量。

计算特定动物的粪便管理甲烷排放量的公式如下：

$$E_{CH_4,manure,i} = EF_{CH_4,manure,i} \times AP_i / (10^6 \text{千克} / 10^9 \text{克}) \tag{3.14}$$

式中，$E_{CH_4,manure,i}$ 为第 i 种动物粪便管理甲烷排放量，10^9 克甲烷/年；$EF_{CH_4,manure,i}$ 为第 i 种动物粪便管理甲烷排放因子，千克/（头·年）；AP_i 为第 i 种动物的数量，头。

动物总排放量计算公式如下：

$$E_{\mathrm{CH}_4} = \sum E_{\mathrm{CH}_4,\mathrm{manure},i} \qquad\qquad (3.15)$$

式中，E_{CH_4} 为动物粪便管理甲烷总排放量，10^9 克甲烷/年；$E_{\mathrm{CH}_4,\mathrm{manure},i}$ 为第 i 种动物粪便管理甲烷排放量。

2）动物粪便管理氧化亚氮排放清单的编制方法

各种动物粪便管理氧化亚氮排放清单等于不同动物粪便管理方式下氧化亚氮排放因子乘以动物数量，然后相加可得总排放量。估算动物粪便管理氧化亚氮排放，主要分以下四步进行。

步骤 1：从动物种群特征参数中收集动物数量；

步骤 2：用默认的排放因子，或根据相关动物粪便氮排泄量以及不同粪便管理系统所处理的粪便量计算排放因子；

步骤 3：排放因子乘以动物数量即得出该种群粪便氧化亚氮排放估算值；

步骤 4：对所有动物种群排放量估算值求和即为本省粪便管理氧化亚氮排放量。

计算特定动物的粪便管理氧化亚氮排放量的公式如下：

$$E_{\mathrm{N}_2\mathrm{O},\mathrm{manure},i} = \mathrm{EF}_{\mathrm{N}_2\mathrm{O},\mathrm{manure},i} \times \mathrm{AP}_i/(10^6\,\text{千克}/10^9\,\text{克}) \qquad (3.16)$$

式中，$E_{\mathrm{N}_2\mathrm{O},\mathrm{manure},i}$ 为第 i 种动物粪便管理氧化亚氮排放量，10^9 克氧化亚氮/年；$\mathrm{EF}_{\mathrm{N}_2\mathrm{O},\mathrm{manure},i}$ 为特定种群粪便管理氧化亚氮排放因子，千克/（头·年）；AP_i 为第 i 种动物的数量，头。

动物总排放量计算公式如下：

$$E_{\mathrm{N}_2\mathrm{O}} = \sum E_{\mathrm{N}_2\mathrm{O},\,\mathrm{manure},i} \qquad\qquad (3.17)$$

式中，$E_{\mathrm{N}_2\mathrm{O}}$ 为动物粪便管理氧化亚氮总排放量，10^9 克氧化亚氮/年；$E_{\mathrm{N}_2\mathrm{O},\,\mathrm{manure},i}$ 为第 i 种动物粪便管理氧化亚氮排放量。

3.2.4　温州市土地利用变化和林业领域温室气体排放清单编制方法

1. 森林和其他木质生物质生物量碳储量变化清单编制方法

森林和其他木质生物质生物量碳储量的变化，包括乔木林（林分）生长生物量碳吸收、散生木、四旁树、疏林生长生物量碳吸收；竹林、经济林、灌木林生物量碳储量变化；活立木消耗生物量碳排放。具体计算方法如下：

$$\Delta C_{生物量} = \Delta C_{乔} + \Delta C_{散四疏} + \Delta C_{竹/经/灌} - \Delta C_{消耗} \qquad （3.18）$$

式中，$\Delta C_{生物量}$ 为森林和其他木质生物质生物量碳储量变化，吨；$\Delta C_{乔}$ 为乔木林（林分）生长生物量碳吸收，吨；$\Delta C_{散四疏}$ 为散生木、四旁树、疏林生长生物量碳吸收，吨碳；$\Delta C_{竹/经/灌}$ 为竹林（或经济林、灌木林）生物量碳储量变化，吨；$\Delta C_{消耗}$ 为活立木消耗生物量碳排放，吨。

2. 森林转化温室气体排放清单编制方法

1）森林转化燃烧引起的碳排放

森林转化燃烧，包括现地燃烧（即发生在林地上的燃烧，如炼山等）和异地燃烧（被移走在林地外进行的燃烧，如薪柴等）。其中，现地燃烧除会产生直接的二氧化碳排放以外，还会排放甲烷和氧化亚氮等温室气体。异地燃烧同样也会产生非二氧化碳的温室气体，但由于能源领域清单中，已对薪柴的非二氧化碳温室气体排放作了估算，因此这里只估算异地燃烧产生的二氧化碳排放。具体计算方法如下：

现地燃烧二氧化碳排放=年转化面积×（转化前单位面积地上生物量 – 转化后单位面积地上生物量）×现地燃烧生物量比例×现地燃烧生物量氧化系数×地上生物量碳含量

现地燃烧非二氧化碳排放主要考虑甲烷和氧化亚氮两类温室气体，计算方法如下：

甲烷排放=现地燃烧碳排放（吨）×CH_4 排放比例

氧化亚氮排放=现地燃烧碳排放（吨）×碳氮比×N_2O 排放比例

异地燃烧二氧化碳排放=年转化面积×（转化前单位面积地上生物量 – 转化后单位面积地上生物量）×异地燃烧生物量比例×异地燃烧生物量氧化系数×地上生物量碳含量

2）森林转化分解引起的碳排放

森林转化分解碳排放，主要考虑燃烧剩余物的缓慢分解造成的二氧化碳排放。由于分解排放是一个缓慢的过程，因此在具体估算时，采用 10 年平均的年转化面积进行计算，而不是使用清单编制年份的年转化面积。

分解碳排放=年转化面积（10 年平均）×（转化前单位面积地上生物量 – 转化后单位面积地上生物量）×被分解部分的比例×地上生物量碳密度

3.2.5　温州市城市废弃物处理领域温室气体排放清单编制方法

1. 固体废弃物处理

1）填埋处理甲烷排放

《省级温室气体清单编制指南（试行）》中推荐固体废弃物处理甲烷排放量的估算方法为《2006 年 IPCC 国家温室气体清单指南》推荐的缺省方法（IPCC 方法 1），即质量平衡法。该方法假设所有潜在的甲烷均在处理当年就全部排放完。这种假设虽然在估算时相对简单方便，但会高估甲烷的排放。

$$E_{CH_4} = (MSW_T \times MSW_F \times L_0 - R) \times (1 - OX) \tag{3.19}$$

式中，E_{CH_4} 为甲烷排放量，万吨/年；MSW_T 为总的城市固体废弃物产生量，万吨/年；MSW_F 为城市固体废弃物填埋处理率；L_0 为各管理类型垃圾填埋场的甲烷产生潜力，万吨甲烷/万吨废弃物；R 为甲烷回收量，万吨/年；OX 为氧化因子。

其中

$$L_0 = MCF \times DOC \times DOC_F \times F \times 16/12 \tag{3.20}$$

式中，MCF 为各管理类型垃圾填埋场的甲烷修正因子（比例）；DOC 为可降解有机碳，千克碳/千克废弃物；DOC_F 为可分解的 DOC 比例；F 为垃圾填埋气体中的甲烷比例；16/12 为甲烷分子量与碳分子量比。

2）焚烧处理二氧化碳排放

计算废弃物焚化和露天燃烧产生的二氧化碳排放量采用《省级温室气体清单编制指南（试行）》推荐的估算公式：

$$E_{CO_2} = \sum_i (IW_i \times CCW_i \times FCF_i \times EF_i \times 44/12) \tag{3.21}$$

式中，E_{CO_2} 为废弃物焚烧处理的二氧化碳排放量，万吨/年；i 分别为城市固体废弃物、危险废弃物、污泥；IW_i 为第 i 种类型废弃物的焚烧量，万吨/年；CCW_i 为第 i 种类型废弃物中的碳含量比例；FCF_i 为第 i 种类型废弃物中矿物碳在碳总量中的比例；EF_i 为第 i 种类型废弃物焚烧炉的燃烧效率；44/12 为碳转换成二氧化碳的转换系数。

根据指南推荐，$i=1$ 表示城市固体废弃物（MSW），$i=2$ 表示危险废弃物（包括医疗废弃物），$i=3$ 表示污泥（焚烧为生物成因）。

2. 废水处理

1）生活污水处理甲烷排放

采用《省级温室气体清单编制指南（试行）》推荐的估算方法：

$$E_{CH_4} = (TOW \times EF) - R \qquad (3.22)$$

式中，E_{CH_4} 为清单年份的生活污水处理甲烷排放总量，万吨甲烷/年；TOW 为清单年份的生活污水中有机物总量，千克 BOD/年；EF 为排放因子，千克甲烷/千克 BOD；R 为清单年份的甲烷回收量，千克甲烷/年。

其中排放因子（EF）的估算公式如下：

$$EF = B_0 \times MCF \qquad (3.23)$$

式中，B_0 为甲烷最大产生能力；MCF 为甲烷修正因子。

2）工业废水处理甲烷排放

采用《省级温室气体清单编制指南（试行）》推荐的估算方法：

$$E_{CH_4} = \sum_i \left[(TOW_i - S_i) \times EF_i - R_i \right] \qquad (3.24)$$

式中，E_{CH_4} 为甲烷排放量，千克甲烷/年；i 为不同的工业行业；TOW_i 为工业废水中可降解有机物的总量，千克 COD/年；S_i 为以污泥方式清除掉的有机物总量，千克 COD/年；EF_i 为排放因子，千克甲烷/千克 COD；R_i 为甲烷回收量，千克甲烷/年。

3）废水处理氧化亚氮排放

采用《省级温室气体清单编制指南（试行）》推荐废水处理产生的氧化亚氮按以下公式进行排放估算：

$$E_{N_2O} = N_E \times EF_E \times 44/28 \qquad (3.25)$$

式中，E_{N_2O} 为清单年份氧化亚氮的年排放量，千克氧化亚氮/年；N_E 为污水中氮含量，千克氮/年；EF_E 为废水的氧化亚氮排放因子，千克氧化亚氮/千克氮；44/28 为转化系数。

其中，排放到废水中的氮含量可通过下式计算：

$$N_E = (P \times P_r \times F_{NPR} \times F_{NON-CON} \times F_{IND-COM}) - N_S \qquad (3.26)$$

式中，P 为人口数；P_r 为每年人均蛋白质消耗量，千克；F_{NPR} 为蛋白质中的氮含量；$F_{NON-CON}$ 为废水中的非消耗蛋白质因子；$F_{IND-COM}$ 为工业和商业的蛋白质排放因子，默认值为 1.25；N_S 为随污泥清除的氮，千克氮/年。

3.3 温室气体排放清单编制结果

3.3.1 温室气体排放特征分析

1. 总量特征及趋势

2016 年温州市的温室气体总排放量为 4253.11 万吨二氧化碳，同比增长了 1.39%，林业碳汇为 203.01 万吨二氧化碳，温室气体净排放量为 4024.07 万吨二氧化碳，同比增长了 0.8%。根据 2011～2016 年温州市温室气体排放清单数据（表 3.1），2011～2016 年温州市温室气体排放总量呈现先下降再增长的趋势（图 3.1），排放量在 3626.49 万～4024.07 万吨二氧化碳，2012 年排放量最低，为 3626.49 万吨二氧化碳，之后一直增长，2016 年达到 4024.07 万吨二氧化碳。

表 3.1　2011～2016 年温州市温室气体排放总量　　单位：万吨二氧化碳

年份	2011	2012	2013	2014	2015	2016
温室气体排放量（包括土地）	3873.79	3626.49	3725.58	3938.65	3991.70	4024.07
温室气体排放量（不包括土地）	4029.57	3790.59	3899.35	4024.78	4194.71	4253.11

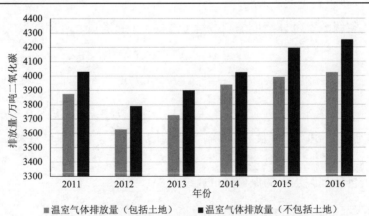

图 3.1　2011～2016 年温州市温室气体排放总量趋势

2. 强度特征分析

2011～2016 年温州市温室气体排放关键指标如表 3.2 所示。

表 3.2 2011～2016 年温州市温室气体排放关键指标

年份	人均温室气体排放/（吨二氧化碳/年）	单位 GDP 温室气体排放量（包括土地）/（吨二氧化碳/万元）	单位一次能源消费温室气体排放/（吨二氧化碳/吨标准煤）	单位 GDP 温室气体排放量（不包括土地）/（吨二氧化碳/万元）
2011	4.48	1.06	2.58	1.10
2012	4.53	0.92	2.65	0.97
2013	4.62	0.87	2.69	0.92
2014	4.45	0.92	2.50	0.94
2015	4.38	0.86	2.15	0.91
2016	4.39	0.79	2.11	0.83

1）单位 GDP 温室气体排放

在不考虑林业碳汇的情况下，温州市 2016 年单位 GDP 温室气体排放（包括土地）为 0.79 吨二氧化碳/万元，同比下降了 8.14%。在考虑林业碳汇的情况下，温州市 2016 年单位 GDP 温室气体排放（不包括土地）为 0.83 吨二氧化碳/万元，同比下降了 8.79%，碳强度指标在全省处于优秀水平。

2）人均温室气体排放

在不考虑林业碳汇的情况下，温州市人均温室气体排放（不含电力调入）从 2011 年以来呈先上升后下降的趋势，2016 年达到 4.39 吨二氧化碳，同比上升了 0.23%，人均强度指标在全省处于优秀水平。

3）单位一次能源消费温室气体排放

温州市单位一次能源消费温室气体排放从 2011 年以来呈先上升后下降的趋势，2016 年为 2.11 吨二氧化碳/吨标准煤，同比下降了 1.86%。变化趋势如图 3.2 所示。

3. 结构特征分析

在不考虑林业碳汇的情况下，2016 年温州市能源活动在温室气体排放中比重最大，占 93.93%；其次是废弃物处理活动，占 3.09%；最后是农业活动，占 2.92%，其他为工业活动领域。

1）能源活动领域

2016 年能源活动领域温室气体排放总量（不包括电力）为 3994.99 万吨二氧化碳，其中包括电力排放总量为 4055.71 万吨二氧化碳。2011～2016 年能源活动

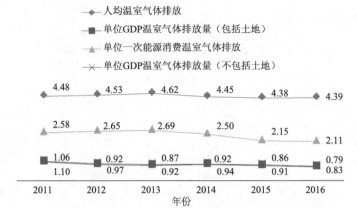

图 3.2　2011～2016 年温州市关键指标变化趋势

领域温室气体排放（不含电力）总量呈先下降后上升的趋势，其中 2011～2012 年为下降趋势（表 3.3）。

表 3.3　2011～2016 年能源活动领域温室气体排放　　单位：万吨二氧化碳

年份	2011	2012	2013	2014	2015	2016
能源活动领域温室气体排放量（不包括电力）	3546.41	3331.26	3475.77	3793.22	3935.92	3994.99
能源活动领域温室气体排放量（包括电力）	4121.89	3919.76	4077.34	3895.10	4060.86	4055.71

2016 年温州市化石燃料燃烧活动累计排放 3989.16 万吨二氧化碳，占能源活动总排放量的 99.86%；生物质燃烧排放 4.87 万吨二氧化碳，占能源活动总排放量的 0.12%；油气系统逃逸排放 0.96 万吨二氧化碳，占能源活动总排放量的 0.02%。化石燃料燃烧排放中，能源工业为最大排放源，占 76%；其次为交通运输，占 10%；再次为工业和建筑业，占 6%（图 3.3）。

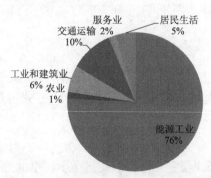

图 3.3　2016 年温州市能源活动分行业温室气体排放量构成

2）废弃物处理领域

温州市废弃物处理领域温室气体排放量 2011～2013 年呈下降趋势（图 3.4），2014 年温室气体较 2013 年有明显增长，增加 61.62%，主要由于固体废弃物填埋处理甲烷排放、固体废弃物焚烧处理甲烷排放及废水处理氧化亚氮排放量增加。2014～2016 年总体呈缓慢增长的趋势，2016 年较 2015 年增加 1.48%。

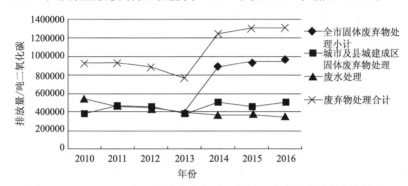

图 3.4　2010～2016 年温州市废弃物处理领域温室气体排放量变化趋势

固体废弃物处理方面，2011～2013 年由于生活垃圾焚烧处理比例不断上升，废弃物焚烧处理二氧化碳排放量总体明显增加，废弃物填埋处理甲烷排放量则有所减少。而 2014 年温室气体排放量由 2013 年的 375889.4 吨二氧化碳增加到 884110.7 吨二氧化碳，为 2013 年的 2.35 倍。主要是由于 2013 年固体废弃物处理领域活动水平采用城市及县城建成区固体废弃物处理量，2014 年则采用全市固体废弃物处理设施实际处理量，活动水平明显提高。此外，2014 年生活垃圾成分采用本地化数据，废弃物填埋处理排放因子 DOC 调整为 16.53%，为 2013 年（参考《省级温室气体清单编制指南（试行）》数据 10.70%）的 1.54 倍。2014 年以后统计口径及计算方法一致，排放量呈缓慢上升趋势，主要由于废弃物产生量略有增加。废水处理方面，2011～2014 年工业废水处理甲烷排放呈显著的下降趋势，主要是温州市化工、制革、纺织印染、造纸等重污染行业整治力度较大，废水 COD产生量明显下降引起。2015 年与 2014 年相比有小幅增长，增加了 6640.62 吨二氧化碳，增长比例为 4.9%，主要由于 2014 年并未将非重点企业排放量纳入统计，而 2015 年考虑了非重点企业的排放量（6536.06 吨二氧化碳）。2016 年统计口径和 2015 年相同，排放总量下降 6.58%。

废水处理氧化亚氮排放量 2011～2013 年随着区域常住人口的变化而略有波动，总体基本稳定。2014 年废水处理氧化亚氮排放由 2013 年的 68200 吨大幅增长到 124387 吨，增幅为 82.39%，主要由于 2014 年活动水平城镇常住人口采用统计年鉴中全市常住人口与城镇化比率之积计算，而 2013 年采用浙江省城建统计年鉴中城市和县城人口与暂住人口之和计算，2014 年计算方法中常住人口数据约为原计算方法中人口数据的 1.86 倍，因此若活动水平采用相同的统计口径，2014 年废水处理氧化亚氮排放量与 2013 年基本相当。2014～2016 年统计口径一致，废水处理氧化亚氮排放量随常住人口总数的增加而略微增加。

3）农业领域

2011～2016 年温州农业领域温室气体排放量在逐年降低。与 2011 年相比，2016 年温州农业领域温室气体排放量降低了 15.50%；与 2015 年相比，2016 年温州农业领域温室气体排放量也有所降低，下降率为 2.35%。分析认为，一方面是近年来温州大力推广生态循环农业，农用化肥施用量减少显著；另一方面与畜禽养殖业治理导致畜禽养殖数量大幅度下降有关。

分别从农业领域的 4 个排放源来看，水稻甲烷排放量相对稳定，动物肠道发酵和动物粪便管理系统的排放在 2016 年有较大的降低。而农用地氧化亚氮的排放量有所升高，这主要与乡村人口数量增加有关。

4）工业生产过程领域

2011～2016 年温州市工业生产过程温室气体数据见表 3.4。

表 3.4　2011～2016 年温州市工业生产过程温室气体排放　　　　单位：吨二氧化碳

年份	2011	2012	2013	2014	2015	2016
电力设备生产过程排放量	7937	15458	15363	19661	15355	20415.3
废钢冶炼生产过程排放量	2250	1700	1600	1262	1246	633.8
温室气体排放总量	10187	17158	16963	20923	16601	21049.1

温州市工业生产过程中仅有电力设备生产、钢铁生产两个行业在工业生产过程中存在温室气体排放。电力设备生产企业仅有 7 家、钢铁生产企业仅有 4 家存在温室气体排放，温室气体排放量由 2011 年的 10187 吨二氧化碳增加到 2016 年的 21049.1 吨二氧化碳，年均增长 15.62%，其中，电力生产设备企业温室气体排放量年均增长率为 20.8%，废钢冶炼企业温室气体排放量年均下降率为 22.4%；2016 年温州市工业生产过程温室气体排放量比 2015 年增加 26.79%，其中，电气设备生产温室气体比上年增长 32.96%，废钢冶炼下降 49.13%（有 2 家企业电炉设备属于落后产能被淘汰）。

5）土地利用变化与林业领域

根据 2011～2016 年温州市土地利用变化与林业温室气体数据比较（表 3.5），发现温室气体吸收量和排放量在 2011～2014 年逐年递增，温室气体净吸收量也随之递增，但 2015 年的数据比 2014 年有所减少，这可能是采用的参数不同，特别是

木材基本密度和生物量转换系数这两个重要的参数改变所导致的。2016 年数据比
2014 年、2015 年都显著增加，温室气体吸收量和排放量均高于 2014 年和 2015 年。

表 3.5　2011~2016 年温州市土地利用变化与林业温室气体数据分析表

单位：万吨二氧化碳

年份	2011	2012	2013	2014	2015	2016
温室气体净吸收量	152.5472	158.4596	165.3748	207.9478	203.0090	229.0390
温室气体吸收量	299.0293	311.1116	323.1940	405.7311	390.0237	447.2685
温室气体排放量	146.4820	152.6519	157.8192	197.7833	187.0147	218.2294

4. 行业特征

根据温州市能源领域排放情况，将第二产业和第三产业的行业进行拆分，得
到 15 个行业部门的排放量占比情况（图 3.5），其中，公用电力与热力部门占比
最大，为 68%，第二是交通运输业，占 13%，第三是居民生活消费排放，占 6%，
第四是化工行业，占 4%。之后分别是服务业、建筑业、农业。

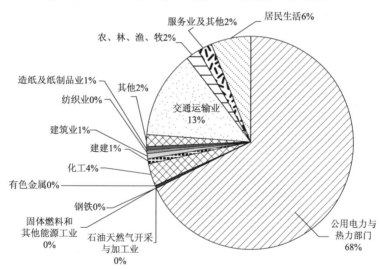

图 3.5　2016 年温州市分行业温室气体排放量占比

3.3.2　温室气体排放趋势分析

1. 总量趋势

"十二五"以来，温州市全面推进转型发展，经济运行总体平稳，2016 年温
州市地区生产总值达到 5101.56 亿元，年均增长 7.8%。根据《温州市国民经济和

社会发展第十三个五年规划纲要》，预计"十三五"期间地区生产总值增长率将保持在 7%以上。2016 年人均地区生产总值突破 5 万元，三次产业结构进一步优化。第一产业近几年一直保持低位平稳增长，预计"十三五"期间农业仍将保持当前的增长水平；第二产业方面，由于市场有效需求增长乏力，生产成本持续攀升，企业经营压力不断加大，这些都将对工业增长带来不利影响，工业作为第二产业的绝对主力，2016 年后在 2016 年的基础上略有回落。第三产业方面，2016 年服务业增加值占 GDP 比重达到 55%左右，突出创新驱动和人力资本投资，研发经费占 GDP 比重达到 2.2%左右，发挥消费的基础作用、投资的关键作用、出口的促进作用，持续增强经济发展动力，"十三五"期间服务业在三大产业中继续保持引领作用。

　　从历史趋势来看，近年来增长贡献最多的是能源行业，其次是交通运输。根据《温州市能源发展"十三五"规划》预测，到 2020 年温州市的煤炭及制品需求量达到 1360 万吨，因此"十三五"期间，能源行业的碳排放也会继续保持增长趋势。同时，随着未来现代物流、会展、金融、旅游等服务业的快速增长，预计"十三五"期间交通行业和服务业的碳排放也将有所增加。而随着温州瓯江口产业集聚区和温州浙南产业集聚区两大省级产业集聚区的发展，未来工业区的能源消耗将大幅增加，相应的碳排放量也随之增加。

2. 强度趋势

　　根据《温州市能源发展"十三五"规划》，"十三五"期间将会大力发展非化石能源，一是积极发展水电，"十三五"期间增效扩容改造项目 35 个，新增装机容量 1.75 万千瓦；二是大力发展太阳能，"十三五"期间，新增光伏发电装机容量 70 万千瓦左右；三是稳步发展风电，"十三五"期间，新增风电装机容量 30 万千瓦左右；四是积极开发生物质能，"十三五"期间，新增生物质发电装机 7 万千瓦左右；五是因地制宜探索开发海洋能、潮汐能、地热能等各种可再生能源。这些项目的实施将会大力降低区域的温室气体排放量。

　　2016 年温州市碳强度指标（不包括电力）0.79 吨二氧化碳/万元，按照省级要求和"十三五"期间的下降率，到 2020 年，温州市的碳强度指标将下降为 0.69 吨二氧化碳/万元。在上述经济社会发展的背景下，到 2020 年碳排放总量估计将达到 4569.18 万吨（表 3.6）。

表 3.6　2020 年温州市碳排放预测

年份	2016	2020
碳强度/（吨二氧化碳/万元）	0.79	0.69
碳排放总量/万吨	4024.07	4569.18

3.3.3 存在的问题

尽管在报告范围、清单方法、清单质量等方面有一定的改进,但是清单编制工作还存在较大的不确定性,主要原因有以下两个方面。

(1)数据统计基础比较薄弱。温州市级温室气体排放清单编制方面的统计数据基础薄弱,分县(市、区)在这方面的统计数据则更为缺乏,尤其是在与估算温室气体排放相关的活动水平数据的可获得性方面还存在很多困难。部分活动水平指标尚未纳入统计体系,现有的能源统计缺乏详细的分部门、分设备、分燃料品种的活动水平数据。同时,由于城市边界的开放性,一些物质和能源的流动缺乏相应的统计记录,部分温室气体排放源信息较难获取,不得不通过其他途径进行推算或估测,降低了计算精度。

(2)排放因子获取工作的难度较大。在温室气体排放清单编制过程中,不同程度地采用了抽样调查、实地观察测量等方式来获取清单的必要信息。由于资金和时间等客观因素的制约,观测的时间尺度、观测点和抽样点的代表性还不够。在一些领域由于缺少特定的排放因子,使用了《省级温室气体清单编制指南(试行)》提供的默认值,这在一定程度上也给清单估算结果带来了不确定性。

第 4 章

温州市碳排放峰值预测及总量控制措施研究

4.1 温州市经济社会环境发展情况

4.1.1 全市经济发展现状

改革开放以来，以民营经济为特征的"温州模式"成就了温州市经济社会的巨大发展。"十一五"时期，温州经济继续保持平稳较快发展，2010 年全市实现生产总值 2925 亿元，按照"十一五"期间的增长率，人均生产总值达到 37359 元。2012 年全市生产总值达到 3669 亿元，与 2005 相比增长了 1.3 倍，人均生产总值达到 45906 元，如图 4.1 所示。

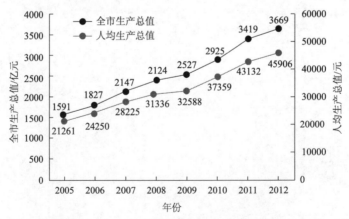

图 4.1　2005～2012 年温州市全市生产总值和人均生产总值

4.1.2 产业结构变化

温州市 2005～2012 年三次产业结构变化情况如图 4.2 所示。2005 年以来温州市产业结构没有发生大的变化，第一产业所占比重较小，总体保持稳定水平；第二产业比重居 50%左右，近年来略有下降；第三产业比重由 2005 年的 41.5%增长到 2012 年的 46.3%。第二产业中，工业对温州市经济的支撑作用最为显著。2011年工业生产总值达到 1556.3 亿元，与 2005 年相比增长了 95%。近年来，工业产值对全市生产总值的贡献率略有波动，整体呈下降趋势，2009～2011 年波动较大，其中建筑业发展迅速，2011 年建筑业贡献率达到 13.5%。在推动产业转型升级方面，在优先发展现代服务业的路线指导下温州市第三产业近年来得到了大力发展，其中金融、旅游等行业显示出了较大的发展潜力。

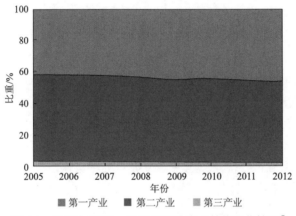

图 4.2 温州市 2005～2012 年三次产业结构变化情况①

4.1.3 能源消费情况

温州市一次能源资源匮乏，除水能外，一次能源需求量的 90%以上依靠外部调入，风能、太阳能、生物质能等新能源和可再生能源的开发尚处于起步阶段，开发量不足全年能源消费量的 1.0%，水能、风能发电量不足全社会用电量的 8.0%。能源消耗呈以下特点：一是能源效率全国、全省领先。2012 年全市单位 GDP 综合能耗为 0.49 吨标准煤/万元，仅为国家平均水平 0.7 吨标准煤/万元的 70%，优于全省平均水平，居全省第二。二是能源结构优化。煤炭消费占终端能源消费总量比重由 2005 年的 16.4%下降到 2010 年的 12%，电力占温州市能源消费比重逐年提高，"十一五"时期末电力占比提高 6.9 个百分点，达到 60.4%左右，非化石能源占一次能源消费比重日益提升。三是可再生能源利用增加。到"十二五"时期末，全市新增水电装机容量 18.8 万千瓦，合计形成水电装机容量 106 万千瓦；

---

① 数据来源：《温州统计年鉴 2012》。

全市新增风电装机容量 16 万千瓦，实现总装机容量达到 19 万千瓦以上；在城镇和农村新增太阳能热水器使用面积 30 万平方米，实现全市太阳能热水器使用面积 68 万平方米；新增垃圾发电装机容量 10.8 万千瓦，实现总装机容量 15.3 万千瓦；实现年产 1300 万立方米的沼气利用规模；在新建建筑和既有建筑改造中采用地源（水源、空气源）热泵空调系统的应用面积达 50 万平方米。另外，温州市还将积极加快推进总装机容量 600 万千瓦的苍南核电工程前期工作，着手启动苍南大渔湾 6 万千瓦潮汐电站项目研究，为进一步优化能源结构做好充分准备。

4.2　温州市碳排放峰值预判及方法

4.2.1　碳排放峰值相关条件的基本判断

中国的碳排放峰值问题日益受到国内外关注。主流观点分为两派，渐进派主张"分阶段、分区域、分行业"地在"2030 年前尽早实现碳排放峰值，并将峰值控制在 110 亿吨左右"；激进派认为中国完全有条件在 2020 年左右全国范围实现峰值，否则不可能实现全球 2 摄氏度升温控制目标。但无论是渐进派还是激进派，目前对碳排放峰值的研究基本只局限于能源领域，未能从经济、能源、环境三位一体的全局视角进行综合考量。一方面容易造成撇开发展全局孤立地为谈峰值而谈峰值的印象；另一方面很多决策者真正关心的有关发展模式平稳转变的实质问题和风险并未被真正识别出来。因此，将中国的排放峰值问题和社会经济发展全局归拢起来考虑，有其实在的"落地"价值。要判断中国是否有条件科学、公平、有效地达到排放峰值，工业化、城镇化、能源结构调整、国内区域差距和排放峰值关系这四方面是需要重点分析的问题，其实质仍然是对中国发展模式本身的探讨。

1. 工业化排放峰值是否即将达到

工业化过程是排放峰值是否能够尽早实现的首要因素。工业部门排放在当前排放总量中约占 70%，即使不包含工业过程排放，碳排放量也已超过 51 亿吨二氧化碳。根据国家统计局工业化水平综合指数和中国社会科学院《中国工业化进程报告》，2010 年中国的工业化水平分别已经达到 60% 或 66%（不同指标），中国整体已经步入工业化后期。一般认为，基本完成工业化的水平在 80% 以上，也就是说还有近 20 个百分点的空间。从工业化国家和中国历史数据比较，工业化水平每增长 1 个百分点，二氧化碳排放则相应增加约 0.6 亿吨，意味着中国在 2020 年基本完成工业化时工业部门还要至少增加 10 亿～12 亿吨二氧化碳排放，总量将可能超过 61 亿吨（不包含工业过程排放）。工业化水平超过 80% 以后，即工业化后期的下半阶段，如果考虑到产业结构调整，增长主要在新兴产业和服务产业，相应 1 个百分点二氧化碳排放平均则降为约 0.3 亿吨，即意味着还有 6 亿吨左右的增量。那么当前至 2030 年工业部门排放总的增量在 16 亿吨左右，排放峰值约为 67 亿吨（不包含工艺过程排放）。

根据行业协会对目前主要 11 个行业产品产量趋势的预测来看，合成氨峰值约在 2015 年，水泥峰值大概在 2017 年（约 26 亿吨），粗钢峰值可能要到 2020 年（约 8.5 亿吨），平板玻璃和电解铝峰值估计在 2025 年，都比原先预判的要延后。主要高耗能产品排放在 2025 年前达到峰值虽然是可以争取的，但从预测的峰值水平来看，要高于之前估计数值的 20%～30%。而高耗能产品产量趋稳后，工业部门排放仍将缓慢上升 5～10 年的时间，因此 2025 年前工业部门总体达到峰值有难度。

2. 城镇化排放可能有多大体量

城镇化过程将是中国未来排放的主要增长来源。交通和建筑等部门当前占排放总量的近 30%，已超过 21 亿吨。中国正处于以工业经济为主向以城镇经济为主转变的阶段，城市化仅为美国 20 世纪 20 年代的同等水平，与世界平均水平大体相当，未来城镇化水平还有很大程度的提升。一般的城镇化过程在 20%～30% 的水平起飞，越过 50% 以后会放缓。城镇化趋于平稳和终结节点可参考的是，一类是移民国家，一般为 80%～90%，如美国、澳大利亚、加拿大；另一类是原住民国家，一般为 65%～70%，如日本、欧盟部分国家。中国 2012 年的城镇化水平约为 52.6%（按照户籍人口测算仅为 35% 左右），根据世界银行、经济合作与发展组织以及国内研究机构预测，2030 年总体可达 68%～72% 的水平，也就是说还有近 20 个百分点的空间。考虑到后期速度的放缓，存量的深度城镇化（"半城市化"农民工的市民化，超过 2 亿人口）和增量的城镇化（3 亿～4 亿人口）至少仍需要 25～30 年的时间。按经济合作与发展组织和国家统计数据测算，美国等发达国家的农村能耗和排放大致是城市的 3 倍，而中国的城镇人均生活能耗约是农村人均水平的 1.5 倍、城镇单位建筑面积能耗约是农村地区的 4.5 倍，相应的总能耗和排放约为农村水平的 3 倍。未来城镇化过程中城乡格局的平衡对排放峰值水平影响很大，而城镇化过程中建筑和交通模式一旦形成和固化，能耗和排放是较难降低的。

中国当前的城镇化速度是每年约 1 个百分点，这 1 个百分点意味着每年新增建筑面积近 20 亿平方米、机动车近 2000 万辆。从发达国家和中国历史数据比较，城市化水平每增长 1 个百分点，交通和建筑等部门新增能源需求约 8000 万吨标准煤，二氧化碳排放将相应增加约 2 亿吨，意味着在工业部门排放增长之外，中国完成增量城镇化过程还可能至少要增加约 40 亿吨二氧化碳排放，完成存量的深度城镇化预估也要增加约 17 亿吨二氧化碳排放，总量将可能达到 78 亿吨二氧化碳。也就是说工业化和城镇化过程排放总量峰值可能达到约 145 亿吨二氧化碳（仅包括能源活动排放），即使不考虑存量问题也至少要达到 128 亿吨二氧化碳，未来 25 年的平均年增长量为 2 亿~3 亿吨二氧化碳（约为当前年增长量的一半）。因此，2030 年前全经济范围要实现排放峰值仍比较困难，而且峰值水平要显著高于 110 亿吨二氧化碳。如果按 110 亿吨二氧化碳目标实行倒逼机制则意味着在产业结构调整假设的基础上还要通过能源结构调整和技术进步减少二氧化碳年排放量 20 亿~30 亿吨。

3. 能源结构调整可能有多大潜力

能源结构调整将对峰值目标的实现起到决定性作用。据统计，非化石能源 2012 年的消费量约为 3.3 亿吨标准煤，占一次能源消费总量的 9.2%，煤炭约占 66.4%，石油和天然气分别约占 18.9% 和 5.5%，当前能源结构高碳特征明显，相比于国际平均水平，能源结构至少有 20 个百分点清洁化和低碳化的空间，也就意味着同等消费总量下可以减排 10%~25%，问题是可行的调整速度是否能够满足峰值目标要求。事实上过去 20 年中结构调整幅度非常有限，非化石能源比重仅上升 3.5 个百分点，煤炭比重下降 8.2 个百分点，石油比重上升 2.4 个百分点，天然气比重上升 2.3 个百分点。即使自 2005 年加强政策力度以来，非化石能源比重上升的速率快了一倍，每年也仅略高于 0.3 个百分点。

如果至 2020 年非化石能源比重上升速度相比于"十一五"时期再提高一倍，即每年 0.7 个百分点左右，则 2020 年非化石能源占比将接近于 15%，非化石能源发电量占比将超过 30%；而 2020~2030 年非化石能源比重上升速度再相应提高一倍，即每年 1 个百分点左右，则 2030 年非化石能源占比将达到 25%，非化石能源发电量占比将超过 45%，与此同时，能源消费总量控制在 60 亿吨标准煤以内，煤炭占比降低至 45% 左右，天然气占比增加至 10% 左右，那么能源活动排放确实可以控制在 110 亿吨左右。但那就意味着 2020 年非化石能源消费量要翻一番，达到 7 亿吨标准煤以上，非化石电力装机要超过 6 亿千瓦，到 2030 年非化石能源消费量要再翻一番，达到 15 亿吨标准煤以上，非化石电力装机要超过 10 亿千瓦，该发展速度大大超过了欧美，是极为罕见的，从以往的经验数据看，相当于年投资额要超过 1 万亿元。而同时天然气的消费量要达到 4000 亿立方米，如果新增量的一半来自于页岩气开采，那么需要打 3 万口生产井以上，总投资额也将接近于 4 万亿元。结构调整速度的不确定性和经济代价都很大。

事实上如果按照上述工业化和城镇化的进程，能源消费总量大致还要增加 30 亿吨标准煤，非化石能源和天然气加速发展也并不能完全满足实际增量需求。"十二五"时期煤炭消费量规划已为 39 亿吨，即使 2030 年在一次能源中占比下降至 45%以下，即今后每年下降 1.2 个百分点以上，煤炭消费总量预期仍会大大突破 40 亿吨，增长至 45 亿～50 亿吨，并将长期处于该高位平台区间。

4. "同步低碳"是否能预期实现

区域发展差异性将对峰值目标部署产生不可忽视的影响。中国区域在发展水平、功能和结构上非常不平衡，当下不少后发展地区喊出了"同步小康"的口号，事实上从多类研究指标标定的发展阶段看，中国区域间发展梯度可能长达 20 年甚至更久。目前东部已经进入工业化后期，其中东部 2 个直辖市已跨入后工业化阶段，中部和西部则总体上处于工业化中期，其中西部 5 个省仍处于工业化中期的前半阶段、2 个自治区仍处于工业化初期阶段，对发展阶段不可逾越的规律认识，促使我们更为理性地思考全国"同步低碳"是否可行的问题。事实上，虽然东部、中部和西部 2011 年的人均 GDP 还存在较大差距，分别约为 4.4 万元、2.5 万元和 2.3 万元，但人均能源消费量分别已达到约 3.4 吨标准煤、2.9 吨标准煤和 3.0 吨标准煤，人均能源活动二氧化碳排放量估算已达到约 7.9 吨、7.0 吨和 7.7 吨[①]，已经相对较为接近。

从工业化过程看，东部、中部和西部 2011 年的工业化水平综合指数分别约为 81%、59%和 51%，"十一五"期间年增长率平均约为 5.4 个百分点、4.2 个百分点和 4.8 个百分点，按照历史和规划数据预测，东部、中部和西部基本完成工业化分别约在 2011 年、2021 年和 2023 年，完成全阶段工业化过程分别约在 2018 年、2028 年和 2031 年，东部、中部和西部工业化过程排放到达峰值前的增量还有约 2 亿吨、6 亿吨和 8 亿吨；从城镇化过程来看，东部、中部和西部 2011 年的城镇化率分别约为 61%、47%和 43%，"十一五"期间年增长率平均约为 0.9 个百分点、1.2 个百分点和 1.4 个百分点，按照历史和规划数据预测，东部、中部和西部基本达到约 70%水平分别在 2024 年、2034 年和 2036 年左右，东部、中部和

---

① 从排放总量看，因为目前排放数据体系尚不完善，如果按照国家统计局能源统计年鉴来核算，地方数据加总比全国数据高约 15 亿吨，其原因在于地方能源消费量数据加总比全国数据高约 7.4 亿吨。

西部城镇化过程排放到达峰值前的增量保守预计约为 9 亿吨、16 亿吨和 15 亿吨。应该说，中国区域的梯度特性既为中国长期发展创造了波浪式的后劲和潜力，也延长了增长的过程，意味着全国的排放峰值将取决于区域间发展的叠加效应，峰值前后的平台期预计将持续相当长的时间。这当中，东部确实应率先控制排放，但如果中部、西部不达到峰值，全国排放峰值也很难实现。因此，国内各区域的减排政策应在公平和差异化的基础上同步推进。

5. 碳排放峰值目标设定基本原则

中国的排放峰值和发展方式息息相关，需要综合起来全盘考虑，科学、公平、有效的峰值目标将有利于形成倒逼机制，但也应该充分认识到峰值方案的风险和挑战性。

（1）中国总体上还存在 20% 的工业化、20% 的城镇化、20% 的能源结构调整、20 年的发展跨距要面对，峰值方案应该进行更为充分的论证，从而有步骤地实现排放的趋稳，并在更大的社会经济全局内进行权衡，序贯式的排放峰值目标决策方式和渐进式的峰值目标计划有助于凝聚共识和降低风险。

（2）如果当前阶段要部署全国排放峰值目标，其设定要更为全面地考虑不同发展要素的不确定性以及未来实现目标的可行性，并考虑当前全国和地方数据统计差距的问题，因此目标形式应该更具包容性，建议可采用"2030 年左右实现碳排放峰值，能源活动二氧化碳排放峰值水平控制在 110 亿～130 亿吨"的提法。

（3）同步推进针对工业化后期的生产性排放增长和城镇化后期的消费性排放增长的控制政策目标和手段，重视部署后发展地区的"同步低碳"战略，确立基于主体功能区战略的碳功能定位，形成公平的区域差异化气候政策体系，有序推进行业碳排放标准准入和区域碳排放总量控制等关键制度。

（4）深度工业化、城镇化阶段排放控制应该与地方政府职能转变、央地财权事权和人事政绩考核改革、财政税收体制改革等结合起来，增加应对气候变化工作的政府财政预算科目，将碳排放总量控制指标纳入政绩考核，给予地方政策创新和改革试验的灵活性及差异化评价，有效形成中央和地方转变发展方式的合力，是中国计划和实现排放峰值的出发点和最大保障。

4.2.2　经济新常态下温州发展新考量

2001～2010 年，我国工业增加值年均增长 11.2%，工业增长构成以重工业高速增长为主导。2011 年，工业增长速度开始回落，2011 年、2012 年、2013 年分别为 10.4%、7.7%、7.6%。我国工业从 10%以上的高速增长回落到 7%～8%的中高速增长，不是经济周期波动的暂时现象，而是国民经济中长期发展的必然趋势，是一种缘于市场需求规模、结构和增速变化的新常态。

高速公路等基础设施建设进入后期。2000 年以来，我国高速公路、港口、机场、高速铁路等基础设施建设迅速扩张，成为拉动重化工业高速增长的主要动力。例如，我国高速公路通车里程由 2000 年的 1.63 万千米增长到 2012 年的 9.62 万千米，年均增长 15.94%。而目前，我国高速公路建设已进入后期，建设重点转向车流量较少的偏线和冷线；港口吞吐能力已经出现过剩；机场建设重点转向二、三线城市的支线机场。

城市空间扩张规模变化。2000～2012 年，我国城市建成区面积增加了约 2.3 万平方千米，超过 1949～2000 年城市建成区面积的总和。由于受到土地供给瓶颈的约束，未来我国城市面积扩张不可能继续保持这样的规模和速度，城市基础设施建设对重化工业产品需求的增长将趋缓。

汽车进入家庭增速的变化。2000～2010 年，我国轿车进入家庭出现了井喷式的高速增长，年销量由 60 万辆上升到 960 万辆，年均增长 31.95%。而 2011～2013 年平均每年仅增长 7.8%。2013 年城镇每百户家庭轿车拥有量全国平均约为 24 辆，远低于发达国家，仍然有广阔的增长空间。问题在于广大农村和中西部地区受收入水平的制约，汽车进入家庭将是一个长期和渐进的过程，井喷式增长难以重现。

收入差距扩大对消费需求增长的制约。我国人均占有工业产品的数量仍显著低于发达国家，工业生产能力还有扩张的空间，目前工业生产过剩是相对过剩。城乡二元经济结构导致农民有效需求不足，是制约消费品市场增长的突出矛盾。居民收入差距扩大，高收入群体的边际消费倾向递减，低收入群体有效需求不足，也制约着消费需求增长。

商品房价格过快上涨压缩了其他产业的市场空间。2004 年以来，城市商品房价格上涨过快，加重了以居住为目的的购房者的经济压力，削弱了对其他消费品的购买力，压缩了其他产业的市场空间，阻碍了国民经济产业体系的协调发展。

发达国家经济复苏和世界经济增长前景的不确定性，对我国工业品出口形成制约。2008 年国际金融危机爆发后，世界货物贸易从 2001～2007 年年均增长 14.1% 回落到 2008～2011 年的 3.8%。发达国家为应对国内经济危机采取"再工业化"等措施，国际资本流动放缓甚至回流，国际产业转移放缓，国际贸易保护主义抬头。在这种背景下，我国对外出口增速回落不可避免。

以上分析表明，我国工业发展的条件已经发生变化，工业增长速度回落是客观趋势。当然，我国人均 GDP 只有 7000 美元左右，工业化和城镇化任务尚未完成，拉动经济增长的市场需求还有广阔空间，保持 7%～8%的中高速增长是可能的。在工业增长速度回落的情况下，必须通过深化改革、结构调整、技术创新、加强经营管理、扩大开放以及保持适度的投资规模，促进工业持续、稳定、协调和高效益增长。

温州的经济发展状况与全国同步，其在 2008 年全球金融危机及 2011 年民间借贷风波之后，经济发展速度放缓，经济增长速度一直位于浙江省的倒数三位，2012 年更是一度位列全省 11 市之末，2007 年的增速曾经是 14.3%，而 2008 年则下滑至 8.5%，2009 年为 8.5%，2010 年回升至 11.1%，2011 年为 9.5%，2012 年又下滑至历史低点（6.7%），2013 年小幅回升至 7.7%，全市投资、消费、财政、金融等主要经济指标与"十一五"同期相比回落幅度较大，增速明显放缓，其中工业、出口增速首次出现负增长，商品房销售面积持续负增长且降幅扩大，居民消费价格总水平（CPI）涨幅高位回落明显，外需疲软和成本居高压力对经济平稳增长的冲击进一步显现。

应该说温州同样面临着经济增长速度换档期、结构调整阵痛期、前期刺激政策消化期三期叠加的情况，经济已处于从高速换档到中高速的发展时期，结构调整刻不容缓，不调整就不能实现进一步的发展，而在国际金融危机爆发初期，国家、省（区、市）层面都对温州经济实施了一揽子经济刺激计划，现在这些政策还处于消化期。下一步温州的发展将要面临如下情况：一是增长速度的新常态，即从高速增长向中高速增长换档；二是结构调整的新常态，即从结构失衡到优化再平衡；三是宏观政策的新常态，即保持政策定力，消化前期刺激政策，从总量宽松、粗放刺激转向总量稳定、结构优化。

我国将告别传统在投融资中占主导地位，大量资金投向基础建设的"建设型财政"，而是通过简政放权，变为"开渠引水"的"服务型财政"，引入社会资本参与公共建设和服务，同时财政资金和社会资本的投资重点从经济建设向服务民生转移。如果政府宏观调控目标是保 GDP，那么最有效的手段（即同样的财政刺激资金带来的 GDP 增长）是投资于"铁公基"，因为其投资的乘数效应远大于1。相比来说，刺激消费的乘数效应一般小于1。但是，大量投资于"铁公基"会加大杠杆率和潜伏在未来的金融风险。如果政府的调控目标是就业水平，那么应该用同样的钱更多地去支持消费、中小企业、服务业。虽然这对 GDP 增长的提升不太明显，但能创造更多的就业。只要有利于支撑比较充分的就业，经济增长比7.5%高一点、低一点都是可以的。

温州经济出现放缓还有多方面的本土因素，譬如代际锁定导致产业转型缓慢；家族制的弊端，使企业难以快速向现代企业制度转轨；土地等资源要素瓶颈，导致部分资本外流或企业外迁；传统行业效益低、获利少等现实，也致使一些实体资本抽离转向别处。这些综合因素产生泡沫经济，导致局部金融风波。从当前情势看，下一阶段温州的经济会有小幅回升，但总体增速并不能支撑其在"十二五"规划中提出的"经济平稳较快发展，生产总值年均增长 10% 以上"的目标。

4.2.3　确定峰值目标方案的基本方法学

低碳能源与经济模型 LCEM 是由低碳经济模型 LCEC、低碳能源模型 LCEN、农业及土地利用模型 AFLU 三个子模型耦合而成的低碳发展综合评估模型。模型基年为 1990 年，模拟期 2005～2020 年的步长为 5 年。温州碳排放控制目标的模拟与计算在 LCEM 的基础上因数据有限性进行了相应的简化，并在后面设定分解方案时，假定 11 个县（市、区）之间无能源（电力）调入或调出，各县（市、区）能源（电力）的调入或调出通过虚拟的外挂电网实现。

低碳能源与经济模型 LCEM、简化气候模型 GICM 和区域影响与适应模型 RIAM 等其他模块共同组成了动态混合模型体系——全球气候变化综合评估模型 IAMC，用以研究中长期全球温室气体排放和应对气候变化政策及技术战略。IAMC 模型模拟各类活动中温室气体排放，其中包括《京都议定书》中所规定的二氧化碳、甲烷、氧化亚氮、氢氟碳化物、全氟碳化、六氟化硫六种具有直接辐射强迫影响的温室气体。前三者在能源、工业和农业部门都有产生，后三者主要由工业部门产生，尤其是作为氟利昂（CFCs）替代物的以 HFC-134a 为代表的短生命期的氢氟碳化物和以三氟甲烷（HFC-23）、四氟化碳（CF_4）、六氟化硫（SF_6）为代表的长生命期的氟化物（long-lived fluorinated gas）。此外，影响大气化学成分和辐射强迫的其他温室气体也在模型中进行了模拟。

低碳经济子模型 LCEC 是一般均衡的宏观经济增长模型，旨在评估全球和区域的气候变化影响以及不同的应对气候变化政策和措施的经济成本和对经济增长、社会福利的影响。模型为跨时优化模型，以最优化社会福利和跨期消费为目标。这里的"消费"是广义的消费，不仅包括传统市场产品和服务，还包括非市场物品，如闲暇、健康和美好的环境。模型的生产函数以资本、劳动力和碳作为生产要素投入。总收入在消费、投资、能源和气候变化支出（减缓、适应和影响损害）之间进行分配。

低碳能源子模型 LCEN 是自下而上的能源技术模型。终端能源服务分为 8 个部门：农业、工业（高耗能工业、其他工业）、交通（货运、客运、国际航运）和建筑（商业建筑、居民建筑）。其中，高耗能工业包括钢铁、建材（水泥）、炼油及石油化工、造纸、化工、铝和有色金属冶炼等，其能源服务包括锅炉、热处理、机械传动、电化学处理、原料供给以及其他使用；商业建筑部门能源服务包括取暖、制冷、热水、照明、办公设备以及其他服务；居民建筑部门能源服务包括取暖、制冷、热水、照明、电器以及其他服务。

LCEN 模型包括了详尽的可独立运行的发电技术和电力市场竞争子模型、交通运输技术和市场竞争子模型。电力技术共 48 类，交通运输技术 324 类。交通运输部门细分为 3 个子部门，即区域客运、区域货运和国际航运。

农业及土地利用模型 AFLU 是自下而上的简化农业技术模型，用于研究农、林、畜、牧等农业部门的温室气体排放，土地利用变化的温室气体排放，生物质能的生产及其对土地资源利用、农作物生产、森林碳汇等方面的影响。

4.3 温州市峰值目标情景分析

温州市峰值目标情景以 2010 年为基准年：全市 GDP 为 2925.0 万元，如表 4.1 所示；按"温州市及各县（市、区）2005～2012 年碳排放核算报告"其能源活动二氧化碳排放总量为 3737.20 万吨[各县（市、区）排放加总为 3763.36 万吨，相差 0.7%）]，相应的 GDP 二氧化碳排放强度为 1.28 吨/万元（2010 年不变价，若以 2005 年不变价即为 1.39 吨/万元）；按《温州统计年鉴 2013》其能源消费总量为 1581.15 万吨标准煤，单位 GDP 能耗为 0.54 吨标准煤/万元（2010 年不变价，统计年鉴中为 2005 年不变价，即 0.59 吨标准煤/万元），那么能源碳强度则为 2.36 吨二氧化碳/吨标准煤（表 4.2，表 4.3）。

表 4.1 温州市 2005～2012 年 GDP

年份	GDP/万元	增速/%	GDP/万元	
			2010 年不变价	2005 年不变价
2005	1590.8	13.0	1707.14	1590.82
2006	1826.9	13.1	1929.06	1799.22
2007	2146.6	14.2	2181.77	2054.71
2008	2407.5	8.2	2491.58	2223.19
2009	2527.3	8.5	2695.89	2412.17
2010	2925.0	11.1	2925.04	2679.92
2011	3418.5	9.5	3202.92	2934.51
2012	3669.2	6.7	3417.52	3131.12

表 4.2　温州市 2007～2012 年能源消费

年份	能源消费总量/万吨标准煤	单位 GDP 能耗/（吨标准煤/万元）		能源碳强度/（吨二氧化碳/吨标准煤）
		2010 年不变价	2005 年不变价	
2007	1417.75	0.65	0.69	2.38
2008	1445.08	0.58	0.65	2.43
2009	1495.54	0.55	0.62	2.37
2010	1581.15	0.54	0.59	2.36
2011	1665.52	0.52	0.57	2.47
2012	1674.58	0.49	0.53	2.40

表 4.3　温州市 2005～2012 年二氧化碳排放

年份	二氧化碳排放总量/万吨	各县（市、区）加总二氧化碳排放量/万吨	GDP 二氧化碳排放强度/（吨/万元）	
			2010 年不变价	2005 年不变价
2005	2797.07	2586.58	1.64	1.76
2006	3068.35	2948.75	1.59	1.71
2007	3374.78	3317.87	1.55	1.64
2008	3512.61	3426.61	1.41	1.58
2009	3540.96	3536.64	1.31	1.47
2010	3737.20	3763.36	1.28	1.39
2011	4117.56	4201.08	1.29	1.40
2012	4015.74	3846.58	1.18	1.28

需说明的是，温州市"十二五"节能目标是以 2005 年不变价计算，即《温州市能源发展"十二五"规划》中所提到的 2010 年单位 GDP 能耗 0.59 吨标准煤/万元为基准，以"十二五"时期末单位 GDP 能耗下降 15%为目标，到 2015 年全市单位 GDP 能耗约为 0.506 吨标准煤/万元，是指在 2005 年不变价的情况下计算得到的，如果以 2010 年不变价计算，2010 年单位 GDP 能耗是 0.54 吨标准煤/万元，下降 15%，实际则为 0.46 吨标准煤/万元。

4.3.1　高增长情景

温州市在其"十二五"规划中提出"经济平稳较快发展，生产总值年均增长10%以上"。假设考虑近年来温州经济出现的下滑情况，但"十二五"时期末强势回升（年增速达到 13%左右）而规划目标能够得以实现，同时相应地，温州"十三五"时期的经济增长目标为年均 8%以上，那么至 2020 年温州 GDP 年均增长率约为9%。在此基础上，我们认为温州现行规划的新能源（主要是生物质能、风电、太阳能）优先发展，核电站、潮汐能电站则因建设周期原因在2020年前未能完工投产。同时，"十二五"期间温州单位GDP能耗下降15%以上，"十三五"期间单位GDP能耗下降14%以上。在此情景下，温州要实现2015年GDP碳强度比2010年下降19.5%以上，2020年GDP碳强度比2005年下降55%以上，2019年基本实现碳排放总量峰值。

温州市高增长情景下的经济增长和能源消费如表4.4所示。在此情景下，温州市GDP 2015年为4710.81亿元（2010年不变价），2020年为6921.73亿元（2010年不变价）；单位GDP能耗2015年为0.46吨标准煤/万元（2010年不变价），2020年为0.39吨标准煤/万元（2010年不变价）；能源碳强度2015年为2.24吨二氧化碳/吨标准煤，2020年为1.87吨二氧化碳/吨标准煤；能源消费总量2015年为2159.40万吨标准煤，2020年为2728.54万吨标准煤。

表4.4　温州市高增长情景下的经济增长和能源消费

年份	GDP（2010年不变价）/亿元	单位GDP能耗（2010年不变价）/（吨标准煤/万元）	能源碳强度/（吨二氧化碳/吨标准煤）	能源消费总量/万吨标准煤
2010	2925.04	0.54	2.36	1581.15
2011	3202.92	0.52	2.47	1665.52
2012	3417.52	0.49	2.40	1674.58
2013	3680.67	0.48	2.36	1764.99
2014	4155.59	0.47	2.31	1953.25
2015	4710.81	0.46	2.24	2159.40
2016	5165.87	0.44	2.17	2294.68
2017	5587.80	0.43	2.10	2413.88
2018	6020.57	0.42	2.02	2537.81
2019	6468.20	0.41	1.96	2647.52
2020	6921.73	0.39	1.87	2728.54
2021	7406.25	0.38	1.65	2839.35
2022	7924.68	0.37	1.54	2954.66
2023	8479.41	0.36	1.44	3074.64
2024	9072.97	0.35	1.34	3199.50
2025	9708.08	0.34	1.25	3329.43

该能源消费量与《温州市能源发展"十二五"规划》中对于2015年的能源需求预测的"常规增长分析"中结合节能降耗要求，预计"十二五"期间能源消费

增长速度在 5%~6%，即全市能源消费总量为 2033 万~2131 万吨标准煤的数据
大致相当，但与综合方案的数据相差 300 万~400 万吨标准煤，其主要的差别在
于计算时可比价的使用，如表 4.5 所示。

表 4.5　《温州市能源发展"十二五"规划》中能源需求总量预测　单位：万吨标准煤

方法	低方案	高方案
节能降耗法	2428.8	2428.8
能源消费结构预测法	2322	2454
能源消费趋势分析法	2883	2981
综合平均值	2545	2621

温州市高增长情景下的碳排放如表 4.6 所示。在此情景下，温州市二氧化碳
排放总量 2015 年为 4845.41 万吨，2020 年为 5103.74 万吨，其排放峰值出现在 2019
年，峰值水平为 5200.15 万吨；GDP 二氧化碳排放强度 2015 年为 1.03 吨二氧化
碳/万元（2010 年不变价），相对于 2010 年下降 19.50%，相对于 2005 年下降 37.22%，
2020 年为 0.74 吨二氧化碳/万元（2010 年不变价），相对于 2015 年下降 28.16%，
相对于 2010 年下降 42.19%，相对于 2005 年下降 55.00%。2020 年后的预测数据
仅作为参考，预计 2030 年回到 2010 年的排放水平，作为峰值目标实现后下阶段
的减排目标，该目标要求温州进一步开展能源生产和消费革命，走在全国低碳发
展的前列。

表 4.6　温州市高增长情景下的二氧化碳排放

年份	二氧化碳排放总量 /万吨	GDP 二氧化碳排放强度		
		（2010 不变价）/（吨 二氧化碳/万元）	相对于 2010 年下降 幅度/%	相对于 2005 年下降 幅度/%
2010	3737.20	1.28	0.00	22.02
2011	4117.56	1.29	−0.78	21.54
2012	4015.74	1.18	7.81	28.28
2013	4161.37	1.13	11.72	31.00
2014	4506.58	1.08	15.63	33.81
2015	4845.41	1.03	19.53	37.22
2016	4971.55	0.96	25.00	41.26
2017	5074.14	0.91	28.91	44.58
2018	5135.57	0.85	33.59	47.94
2019	5200.15	0.80	37.50	50.93

续表

年份	二氧化碳排放总量/万吨	GDP 二氧化碳排放强度		
		（2010 不变价）/（吨二氧化碳/万元）	相对于 2010 年下降幅度/%	相对于 2005 年下降幅度/%
2020	5103.74	0.74	42.19	55.00
2021	4947.34	0.67	47.66	48.04
2022	4795.73	0.61	52.34	52.93
2023	4648.77	0.55	57.03	57.35
2024	4506.31	0.50	60.94	61.37
2025	4368.22	0.45	64.84	65.00

4.3.2　新常态情景

在经济新常态下，温州市在"十二五"时期末经济增速有所回升，其平均增速达到 8.5%，相应地，温州"十三五"的经济增长目标为年均 7.5%左右，那么至 2020 年温州 GDP 年均增长率约为 8%。在此基础上，我们认为温州现行规划的新能源（主要是生物质能、风电、太阳能）优先发展，核电站、潮汐能电站则因建设周期在 2020 年前未能完工投产。同时，"十二五"期间温州单位 GDP 能耗下降 15.00%以上，"十三五"期间单位 GDP 能耗下降 14.00%以上。在此情景下，温州同样要保障实现 2015 年 GDP 碳强度比 2010 年下降 19.50%以上，2020 年 GDP 碳强度比 2005 年下降 55.00%以上，2019 年基本实现碳排放总量峰值。

温州市新常态情景下的经济增长和能源消费如表 4.7 所示。在此情景下，温州市 GDP 2015 年为 4398.26 亿元（2010 年不变价），2020 年为 6314.27 亿元（2010 年不变价）；单位 GDP 能耗 2015 年为 0.46 吨标准煤/万元（2010 年不变价），2020 年为 0.40 吨标准煤/万元（2010 年不变价）；能源碳强度 2015 年为 2.24 吨二氧化碳/吨标准煤，2020 年为 1.87 吨二氧化碳/吨标准煤；能源消费总量 2015 年为 2020.96 万吨标准煤，2020 年为 2495.25 万吨标准煤。

表 4.7　温州市新常态情景下的经济增长和能源消费

年份	GDP（2010 年不变价）/亿元	单位 GDP 能耗（2010 年不变价）/（吨标准煤/万元）	能源碳强度/（吨二氧化碳/吨标准煤）	能源消费总量/万吨标准煤
2010	2925.04	0.54	2.36	1581.15
2011	3202.92	0.52	2.47	1665.52
2012	3417.52	0.49	2.40	1674.58

续表

年份	GDP（2010年不变价）/亿元	单位GDP能耗（2010年不变价）/（吨标准煤/万元）	能源碳强度/（吨二氧化碳/吨标准煤）	能源消费总量/万吨标准煤
2013	3680.67	0.48	2.35	1752.95
2014	4010.10	0.47	2.27	1870.79
2015	4398.26	0.46	2.24	2020.96
2016	4786.93	0.44	2.17	2128.87
2017	5169.52	0.43	2.08	2236.56
2018	5543.72	0.42	2.00	2336.16
2019	5917.75	0.41	1.96	2401.81
2020	6314.27	0.40	1.87	2495.25
2021	6756.27	0.38	1.71	2596.58
2022	7229.21	0.37	1.65	2702.02
2023	7735.25	0.36	1.60	2811.74
2024	8276.72	0.35	1.54	2925.91
2025	8856.09	0.34	1.49	3044.72

温州市新常态情景下的碳排放如表 4.8 所示。在此情景下，温州市二氧化碳排放总量 2015 年为 4523.92 万吨，2020 年为 4655.29 万吨，其排放峰值出现在 2019年，峰值水平为 4700.03 万吨，比高增长情景低了约 500 万吨；GDP 碳强度 2015年为 1.03 吨二氧化碳/万元（2010 年不变价），相对于 2010 年下降 19.50%，相对于 2005 年下降 37.22%，2020 年为 0.74 吨二氧化碳/万元（2010 年不变价），相对于 2015 年下降 28.16%，相对于 2010 年下降 42.30%，相对于 2005 年下降55.00%。2020 年后的预测数据仅作为参考，预计 2030 年回到 2010 年的排放水平，作为峰值目标实现后下阶段的减排目标，该目标要求温州进一步开展能源生产和消费革命，走在全国低碳发展的前列。

表 4.8　温州市新常态情景下的二氧化碳排放

年份	二氧化碳排放总量/万吨	GDP 二氧化碳排放强度		
		（2010不变价）/（吨二氧化碳/万元）	相对于2010年下降幅度/%	相对于2005年下降幅度/%
2010	3737.20	1.28	0.00	22.02
2011	4117.56	1.29	−0.78	21.54
2012	4015.74	1.18	7.81	28.28
2013	4123.22	1.12	12.50	31.63

年份	二氧化碳排放总量/万吨	GDP 二氧化碳排放强度		
		（2010 不变价）/（吨二氧化碳/万元）	相对于 2010 年下降幅度/%	相对于 2005 年下降幅度/%
2014	4251.32	1.06	17.19	35.30
2015	4523.92	1.03	19.53	37.22
2016	4613.46	0.96	25.00	41.18
2017	4652.67	0.90	29.69	45.07
2018	4669.27	0.84	34.38	48.59
2019	4700.03	0.79	38.28	51.53
2020	4655.29	0.74	42.19	55.00
2021	4683.58	0.69	46.09	74.41
2022	4712.05	0.65	49.22	75.94
2023	4740.68	0.61	52.34	77.38
2024	4769.50	0.58	54.69	78.73
2025	4798.49	0.54	57.81	80.00

4.3.3 低增长情景

温州市在"十二五"时期末经济增速复苏乏力，其平均增速仅为 8.0%，同时相应地，温州"十三五"的经济增长目标为年均 7.0%左右，那么至 2020 年温州 GDP 年均增长率约为 7.5%。在此基础上，我们认为温州现行规划的新能源（主要是生物质能、风电、太阳能）优先发展，核电站、潮汐能电站则因建设周期在 2020 年前未能完工投产。同时，"十二五"期间温州单位 GDP 能耗下降 15.00%以上，"十三五"期间单位 GDP 能耗下降 14.00%以上。在此情景下，温州同样要保障实现 2015 年 GDP 碳强度比 2010 年下降 19.50%以上，2020 年 GDP 碳强度比 2005 年下降 55.00%以上，2019 年基本实现碳排放总量峰值。

温州市低增长情景下的经济增长和能源消费如表 4.9 所示。在此情景下，温州市 GDP 2015 年为 4297.85 亿元（2010 年不变价），2020 年为 6027.95 亿元（2010 年不变价）；单位 GDP 能耗 2015 年为 0.46 吨标准煤/万元（2010 年不变价），2020 年为 0.40 吨标准煤/万元（2010 年不变价）；能源碳强度 2015 年为 2.23 吨

二氧化碳/吨标准煤，2020 年为 1.86 吨二氧化碳/吨标准煤；能源消费总量 2015
年为 1982.21 万吨标准煤，2020 年为 2390.97 万吨标准煤。

表 4.9　温州市低增长情景下的经济增长和能源消费

年份	GDP（2010 年不变价）/亿元	单位 GDP 能耗（2010 年不变价）/（吨标准煤/万元）	能源碳强度/（吨二氧化碳/吨标准煤）	能源消费总量/万吨标准煤
2010	2925.04	0.54	2.36	1581.15
2011	3202.92	0.52	2.47	1665.52
2012	3417.52	0.49	2.40	1674.58
2013	3680.67	0.48	2.34	1761.13
2014	3972.73	0.47	2.29	1869.06
2015	4297.85	0.46	2.23	1982.21
2016	4638.43	0.44	2.16	2062.83
2017	4982.23	0.44	2.06	2171.13
2018	5324.34	0.42	2.01	2239.05
2019	5669.24	0.41	1.94	2321.09
2020	6027.95	0.40	1.86	2390.97
2021	6419.77	0.39	1.69	2476.46
2022	6837.06	0.38	1.62	2565.01
2023	7281.46	0.36	1.56	2656.73
2024	7754.76	0.35	1.50	2751.72
2025	8258.82	0.35	1.45	2850.12

　　该能源消费量与《温州市能源发展“十二五”规划》中对于 2015 年的能源需
求预测的“常规增长分析”中结合节能降耗要求，预计“十二五”期间能源消费
增长速度在 5%～6%，即全市能源消费总量为 2033 万～2131 万吨标准煤的数据
大致相当。

　　温州市低增长情景下的碳排放如表 4.10 所示。在此情景下，温州市二氧化碳
排放总量 2015 年为 4420.59 万吨，2020 年为 4444.58 万吨，其排放峰值出现在 2019
年，峰值水平为 4500.11 万吨，比高增长情景低了约 700 万吨，比新常态情景低
了约 200 万吨；GDP 二氧化碳排放强度 2015 年为 1.03 吨二氧化碳/万元（2010
年不变价），相对于 2010 年下降 19.50%，相对于 2005 年下降 37.22%，2020 年
为 0.74 吨二氧化碳/万元（2010 年不变价），相对于 2015 年下降 28.16%，相对

于 2010 年下降 42.29%，相对于 2005 年下降 55.00%。2020 年后的预测数据仅作
为参考，预计 2030 年回到 2010 年的排放水平，作为峰值目标实现后下阶段的减
排目标，该目标要求温州进一步开展能源生产和消费革命，走在全国低碳发展的
前列。

表 4.10　温州市低增长情景下的二氧化碳排放

年份	二氧化碳排放总量/万吨	GDP 二氧化碳排放强度		
		（2010 年不变价）/ （吨二氧化碳/万元）	相对于 2010 年下降 幅度/%	相对于 2005 年下降 幅度/%
2010	3737.20	1.28	0.00	22.02
2011	4117.56	1.29	−0.78	21.54
2012	4015.74	1.18	7.81	28.28
2013	4127.70	1.12	12.50	31.55
2014	4276.99	1.08	15.63	34.29
2015	4420.59	1.03	19.53	37.22
2016	4450.84	0.96	25.00	41.44
2017	4477.42	0.90	29.69	45.15
2018	4496.33	0.84	34.38	48.46
2019	4500.11	0.79	38.28	51.55
2020	4444.58	0.74	42.19	55.00
2021	4429.35	0.69	46.09	73.91
2022	4414.17	0.65	49.22	75.59
2023	4399.04	0.60	53.13	77.15
2024	4383.97	0.57	55.47	78.62
2025	4368.95	0.53	58.59	80.00

4.3.4　峰值目标建议

总体而言，经济增速越高，则相应的能源消费和排放峰值水平越高，对能源
结构低碳化或低碳能源利用量越大，控制排放强度的难度也就越大。从目标的选
择上，"十三五"期间应采取单位 GDP 能耗下降 14.00%，GDP 碳强度下降 28.30%
以上，峰值目标控制在 4500 万～5200 万吨（比较恰当的是 4700 万吨），这样才
能保证 55.00% 下降幅度的实现。这就意味着"十三五"期间的主要工作重心要从

以"十二五"期间的节能为重心，转移到以优化能源结构为重心，应大力发展天然气、核能和可再生能源，当然节能仍然起到主要作用，新常态情景下两者对碳强度目标下降的贡献率分别如表4.11所示。

表4.11 节能和能源结构优化对碳强度目标下降的贡献率   单位：/%

年份	节能贡献率	能源结构优化贡献率	节能贡献度	能源结构优化贡献度
2011	−479.25	579.25	2.97	−3.58
2012	118.46	−18.46	9.51	−1.48
2013	96.09	3.91	11.84	0.48
2014	78.04	21.96	13.28	3.74
2015	73.91	26.09	14.41	5.09
2016	68.08	31.92	16.72	7.84
2017	62.48	37.52	18.47	11.09
2018	58.81	41.19	20.04	14.04
2019	59.15	40.85	22.38	15.46
2020	56.08	43.92	23.72	18.58
2021	54.96	45.04	17.92	14.68
2022	54.06	45.94	19.80	16.83
2023	53.33	46.67	21.55	18.86
2024	52.72	47.28	23.18	20.79
2025	52.21	47.79	24.71	22.62

注：节能贡献度和能源结构优化贡献度为相对于2010年下降幅度

4.4 碳排放总量控制措施建议

4.4.1 培育低碳产业，推进产业链优化升级

（1）大力发展低碳产业。依托温州市现有产业发展优势，选择现代商贸、现代物流、金融、旅游、先进装备制造、新能源、新材料、生物医药、新一代信息技术等作为低碳发展的重点产业，积极谋划一批低碳发展项目，培育低碳支柱产业。改造提升传统优势产业，加大现代产业集群培育力度，不断延伸产业链，促进传统优势产业低碳化发展。探索开展低碳企业和低碳产品认证工作，鼓励企业

在生产和销售过程中自觉落实低碳绿色发展。

（2）鼓励低碳技术研究开发和推广应用。鼓励企业开发低碳技术和低碳产品，重点支持低碳清洁能源技术、二氧化碳捕集、埋存和有效利用技术、智能电力系统开发和电力储存以及提高能效的相关技术研发。加强排放监控技术、重点行业清洁生产工艺技术和海洋碳汇技术的研究开发。依托高校、科研院所建立低碳实验室，大力引进或培育一批低碳技术研发人才，积极推动技术引进消化吸收再创新或与国外的科研机构联合研发；加快低碳技术推广应用。依托温州科技服务创业中心、温州高新区国家科技创业园、乐清市科技创业园、瑞安江南科技创业中心、龙湾科技孵化中心等科技创业服务园，积极建设一批低碳技术研发创新中心，建立低碳技术中心和产业孵化基地，打造区域性低碳技术研发推广和产业转移中心。

（3）培育发展低碳技术中介服务。探索建立科技咨询、技术研发、产品供应和工程实施等多层次业务模式标准，加快培育一批素质较好的低碳技术服务示范企业，发挥塑编、服装、电气、汽摩配等行业领域低碳技术标准制定的话语权，推动低碳技术中介服务向产业化、规模化方向发展。

（4）全面推行"清洁生产"，推动循环经济试点基地建设。严格执行国家产业导向政策，开展淘汰落后生产能力专项整治行动，全面推行"清洁生产"审核，开展"绿色企业"创建工作。严格控制高耗能、高排放产业发展，一律停止审批、核准、备案"两高"和产能过剩行业扩大产能项目，坚决淘汰制革、纺织、建材等行业落后产能。对未按期完成淘汰落后产能任务的地区实行项目"区域限批"；组织实施《温州市循环经济"12555"行动计划》，重点推进温州风电产业带、温州再生资源集散市场、温州制革废弃物再生利用、平阳废塑料再生利用、苍南废旧纺织品综合利用等16个循环经济试点基地建设。

（5）建立企业碳排放约束机制。探索建立固定资产投资项目碳评估制度，对未组织碳评估或未能通过碳评估的项目，实行不接电、不供水的硬性措施。加强对新建、改建和扩建项目的用煤控制，优先选择使用天然气、集中供热、电等清洁能源。

4.4.2　优化能源结构，推广节能技术开发应用

（1）积极发展非化石能源。加快开发利用水能、风能、太阳能、海洋能等，不断提高非化石能源利用比重。重点实施平阳顺溪水利枢纽、文成九溪水电站建设、泰顺交溪流域水电开发、洞头风电场、苍南风电场、光伏发电城市应用、光

伏发电屋顶电站等一批能源项目。非化石能源占一次能源消费比重达到15%，水电、风电、光伏累计装机容量分别达到106万千瓦、15万千瓦、3万千瓦；全市垃圾焚烧发电装机容量达到10万千瓦，沼气发电累计装机容量达到900千瓦。

（2）提高天然气利用比重。加强天然气资源保障能力建设，对接浙江省天然气资源布局，加快城市天然气管网及接收站项目、东海丽水36-1气田上岸基地建设。建立多元化投融资体制，鼓励天然气在工业、交通等领域推广应用。天然气供应能力达9亿立方米以上，天然气在全市一次能源消费中的比重明显提高。

（3）优化发展电力工业。继续实施"上大压小"政策，结合全市电源建设的总体要求，有序推进热电联产机组的建设，加快淘汰小机组，提高机组发电效率。大力推进节能发电调度，优先建设和调度可再生能源及大容量、高效率的燃煤火电机组发电上网。加快智能电网建设，实行配网"调控一体"管理模式，推进配网调度集约化、精细化管理，进一步降低线损率，提高配电能效水平。

（4）加快发展热电联产。优化调整热力布局，积极推进热电联产管网建设。有序推进现有燃煤热电厂整合及迁建，积极发展天然气分布式热电联产。全面淘汰集中供热范围内的所有燃煤、燃油小锅炉。加快燃煤热力机组技术改造，推广长输热网技术，扩大供热半径，提高输热能力。

（5）加强节能技术开发应用。强化节能技术创新，加大对节能降耗、资源综合利用、新能源和环保产业的研发投入；重点围绕洁净能源技术、节油节电技术、绿色照明技术、可再生能源技术等方面组织实施一批节能技术推广项目。及时修订《温州节能技术、产品推广导向目录》，督促、引导和监督企业集中力量实施节能改造和节能新技术新产品推广应用。

4.4.3 强化建筑节能，推动绿色建筑发展

（1）继续加强建筑节能管理。把建筑节能监管工作纳入工程基本建设管理程序，严格执行民用建筑节能设计标准，积极开展民用建筑设计节能评估审查工作和项目竣工能效测评工作。大力推广使用节能、低碳、环保型的新材料、新技术、新工艺和新设备，研究探索本地适用技术，不断提高建筑节能的实施水平。2015年，新建民用建筑节能标准执行率保持在98%以上，新型墙体材料建筑应用比例超过85%。

（2）加快新建建筑可再生能源推广应用。编制与实施《温州市可再生能源建筑应用专项规划》，推广太阳能光热光电技术建筑一体化应用。新建公共机构办

公建筑、保障性住房、12 层以下居住建筑及建筑面积 1 万平方米以上的公共建筑项目，按要求利用一种以上的可再生能源。积极推进沼气、太阳能在农村建筑中的应用。选择一批新建居住区、机构办公建筑及公共建筑项目，每年开展可再生能源与建筑一体化应用示范项目 5 项。

（3）积极推进既有建筑节能改造。加强既有建筑能耗普查，重点查清既有高耗能建筑情况。具备条件的既有建筑，鼓励进行全面节能改造，或结合建筑维护和城市街道整治、"平改坡"及旧区改善、危旧房改造工程对建筑外窗、外墙、屋面、照明系统和空调系统等分部分进行改造，提高建筑节能效果。

（4）加强民用建筑用能管理。加快建筑能耗监测和节能运行监管体系建设，逐步建立建筑能耗统计和建筑能效标识制度，实施建筑能效专项测评，研究制定切合温州市实际的国家机关办公建筑和大型公共建筑能耗标准，切实加强对高能耗建筑的用能监察。

（5）大力推动绿色建筑发展。制定并实施《温州市人民政府关于加快推动绿色建筑发展的实施意见》，落实发展绿色建筑的政策措施，积极实施绿色建筑示范工程，加大绿色建筑评价标识制度的推进力度。扶持专门的绿色建筑评价机构，培养绿色建筑设计、施工、评估、能源服务等方面的人才。

4.4.4 发展绿色交通，引导鼓励低碳出行

（1）优先发展公共交通，实现绿色出行。制定并组织实施公共交通便民行动计划，构建轻轨、公交车、出租车、免费单车、水上巴士"五位一体"的大公交体系。加快推进三区二市六县公共交通城乡一体化，加快交通基础设施建设，实现 5 种公共交通方式"同台换乘"，发挥现有城市道路资源最大通行能力。

（2）推进交通管理智能化，提高道路畅通率。大力推进智能交通管理系统和现代物流信息系统建设，提升人、车、路的监控、信息快速处理能力，提高道路畅通率。完善各类公交、客运智能化调度系统，促进各种运输方式之间相互协调，逐步实现客运"同台换乘"和货运"无缝隙衔接"，降低运输工具空驶率，提高交通能效水平。

（3）积极推进交通运输节能。加强重点公路工程建设和大型运输企业的能耗管理，对交通运输行业年耗油 1000 吨以上的重点用能单位开展节能目标管理。加快推进城市（城际）和快速公交设施（包括轨道交通）的规划和建设，严格实施交通运输业燃料消耗量限值标准。加大交通运输节能减排技术开发和推广应用，推动节能新能源汽车示范推广试点，结合甬台温、金丽温天然气管道建设，推行

公交车、出租车"油改气"。

（4）构建城市慢行系统，鼓励低碳出行。规划建设自行车道和人行步道等城市慢行系统，包括流水休闲步行系统、山体健身场地设施等，完善城市步行网络。倡导市民少开私家车、多乘公交车、多骑自行车，积极参与低碳出行，共同营造"清洁、静谧、健康、有序"的城市交通环境。

第 5 章

温州市碳减排任务指标分解体系研究

5.1 各县（市、区）2005 年、2012 年碳排放核算结果及分析

5.1.1 各县（市、区）2005 年、2012 年能源活动碳排放核算

在现有数据基础上本书拟参照"十二五"省级人民政府控制温室气体排放目标责任试评价考核采用的二氧化碳排放核算方法，以 2010 年浙江省能源活动领域温室气体排放清单为依据，分别计算得到 2005 年、2012 年温州市煤炭、石油和天然气、电力的排放因子，并据此对温州市及各县（市、区）能源活动二氧化碳排放量进行核算（表 5.1）。同时课题组按照实际电力消费量将电力排放量分配到各县（市、区）。因此各县（市、区）能源活动碳排放更加科学和合理地体现了其真实能源活动水平和碳排放。

表 5.1 2005 年、2012 年温州市各县（市、区）分行业能源消费量 单位：万吨

年份	县（市、区）	第一产业		第二产业				第三产业	
				建筑业		工业（除电力、热力生产供应）			
		煤合计	油品合计	煤合计	油品合计	煤合计	油品合计	煤合计	油品合计
2005	鹿城区	0.01	0.22	0.70	9.64	31.16	1.71	3.41	15.59
	龙湾区	0.02	0.54	1.06	14.66	117.78	4.04	1.34	6.13
	瓯海区	0.03	0.74	0.65	8.95	10.16	1.84	1.47	6.71
	瑞安市	0.08	2.28	0.98	13.47	32.56	4.97	3.34	15.25
	乐清市	0.09	2.52	1.21	16.67	11.34	4.45	2.87	13.10
	洞头县	0.02	0.67	0.04	0.60	0.99	0.00	0.34	1.57
	永嘉县	0.04	1.11	0.57	7.82	17.34	1.31	1.26	5.74

续表

年份	县（市、区）	第一产业		第二产业				第三产业	
				建筑业		工业（除电力、热力生产供应）			
		煤合计	油品合计	煤合计	油品合计	煤合计	油品合计	煤合计	油品合计
	平阳县	0.06	1.78	0.39	5.37	19.44	0.50	1.50	6.84
	苍南县	0.11	3.09	0.46	6.35	17.15	2.04	1.98	9.05
	文成县	0.02	0.67	0.04	0.55	0.99	0.06	0.38	1.72
	泰顺县	0.02	0.54	0.05	0.71	0.08	0.02	0.32	1.48
	合计	0.50	14.16	6.15	84.79	258.99	20.94	18.21	83.18
2012	鹿城区	0.004	0.22	0.83	15.23	4.59	1.11	3.31	42.48
	龙湾区	0.01	0.49	1.28	23.43	68.29	1.56	2688	0.90	11.50
	瓯海区	0.01	0.77	0.86	15.78	5.31	0.91	0.93	11.88
	瑞安市	0.05	2.48	1.19	21.78	20.76	1.97	1.83	23.44
	乐清市	0.05	2.60	1.50	27.50	3.96	2.39	1.60	20.48
	洞头县	0.01	0.50	0.08	1.47	0.56	0.00	0.15	1.93
	永嘉县	0.02	1.29	0.69	12.57	6.11	0.54	0.63	8.14
	平阳县	0.03	1.77	0.55	10.13	6.63	0.31	0.81	10.45
	苍南县	0.06	3.44	0.66	12.14	11.06	1.13	1.00	12.90
	文成县	0.01	0.77	0.08	1.47	0.56	0.08	0.19	2.49
	泰顺县	0.01	0.74	0.08	1.53	0.03	0.12	0.19	2.40
	合计	0.264	15.07	7.80	143.03	127.86	10.12	2688	11.54	148.09

对于温州市各县（市、区）消费电力带来的碳排放，通过将温州市各县（市、区）的全社会电力消费量与终端电力消费碳排放因子相乘得到。其中，终端电力消费碳排放因子由温州市电力生产碳排放和购入电力排放量之和除以相应年份全市电力消费量得到，如表 5.2 所示。计算得到的温州市各县（市、区）能源消费情况如表 5.3 所示。

表 5.2　2005～2012 年温州市终端电力消费碳排放因子

年份	2005	2006	2007	2008	2009	2010	2011	2012
二氧化碳排放因子/（千克/千瓦时）	0.799	0.796	0.783	0.795	0.779	0.754	0.811	0.782

表 5.3 2005 年、2012 年温州市各县（市、区）能源消费情况

年份	县（市、区）	煤能耗 /万吨标准煤	油品合计能耗 /万吨标准煤	天然气能耗 /万立方米	电力 /千瓦时
2005	鹿城区	35.28	27.16		270814
	龙湾区	120.20	25.37		206104
	瓯海区	12.31	18.24		179812
	瑞安市	36.96	35.97		332548
	乐清市	15.50	36.74		226332
	洞头县	1.40	2.85		8592
	永嘉县	19.20	15.97		118788
	平阳县	21.40	14.50		128516
	苍南县	19.71	20.53		208190
	文成县	1.43	3.01		21521
	泰顺县	0.48	2.76		12117
	分能源品种	283.87	203.10		1713334
2012	鹿城区	8.74	59.04		413283
	龙湾区	70.47	36.98	2688	465935
	瓯海区	7.11	29.33		351415
	瑞安市	23.81	49.67		593582
	乐清市	7.10	52.97		451653
	洞头县	0.80	3.90		17551
	永嘉县	7.45	22.54		210385
	平阳县	8.03	22.67		232757
	苍南县	12.79	29.61		470293
	文成县	0.85	4.81		37283
	泰顺县	0.31	4.78		25890
	分能源品种	147.46	316.30	2688	3270027

注：由于 2012 年全社会用电量数据未获得，假设 2012 年数据与 2011 年相同

基于上述核算数据计算并总结 2005 年、2012 年温州市各县（市、区）能源活动碳排放量如表 5.4 所示。

表 5.4 2005 年、2012 年温州市各县（市、区）能源活动碳排放　　　单位：万吨

年份	县（市、区）	煤	油品合计	天然气	电力	能源活动碳排放量
2005	鹿城区	78.29	83.53		223.95	385.77
	龙湾区	266.73	78.01		170.44	515.18
	瓯海区	27.31	56.09		148.69	232.09
	瑞安市	82.02	110.61		275.00	467.63
	乐清市	34.41	112.98		187.16	334.55
	洞头县	3.11	8.75		7.11	18.97
	永嘉县	42.61	49.13		98.23	189.97
	平阳县	47.48	44.58		106.27	198.33
	苍南县	43.73	63.13		172.16	279.02
	文成县	3.17	9.25		17.80	30.22
	泰顺县	1.06	8.48		10.02	19.56
	分能源品种	629.92	624.54		1416.83	
	全市之和					2671.29
2012	鹿城区	19.83	180.90		330.72	531.45
	龙湾区	159.91	113.30	0.005	372.86	646.07
	瓯海区	16.13	89.87		281.21	387.21
	瑞安市	54.04	152.19		475.01	681.24
	乐清市	16.12	162.31		361.43	539.86
	洞头县	1.82	11.95		14.04	27.81
	永嘉县	16.90	69.05		168.36	254.31
	平阳县	18.23	69.45		186.26	273.94
	苍南县	29.01	90.73		376.35	496.09
	文成县	1.92	14.73		29.84	46.49
	泰顺县	0.71	14.65		20.72	36.08
	分能源品种	334.62	969.13	0.005	2616.80	
	全市之和					3920.55

5.1.2 全市和各县（市、区）碳排放量核算结果分析

各县（市、区）2005～2012年能源活动碳排放量、人均碳排放量和碳排放的三次产业构成分别如图5.1、图5.2和图5.3所示。

计算得到的各县（市、区）碳排放量，从总量的角度来看，龙湾区和瑞安市的能源活动碳排放量基本相当，在各县（市、区）中处于高位水平，2010年碳排放量大于600万吨。鹿城区、乐清市、苍南县和瓯海区碳排放量处于较高水平，2010年碳排放量在400万～500万吨。永嘉县和平阳县碳排放量显著低于上述县（市、区）（2010年碳排放量在200万～300万吨），但也显著高于碳排放最低的文成县和泰顺县（2010年碳排放量低于100万吨）。

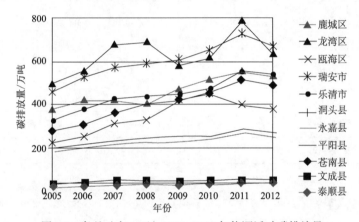

图 5.1　各县（市、区）2005~2012年能源活动碳排放量

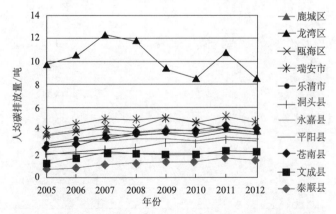

图 5.2　各县（市、区）2005~2012年能源活动人均碳排放量

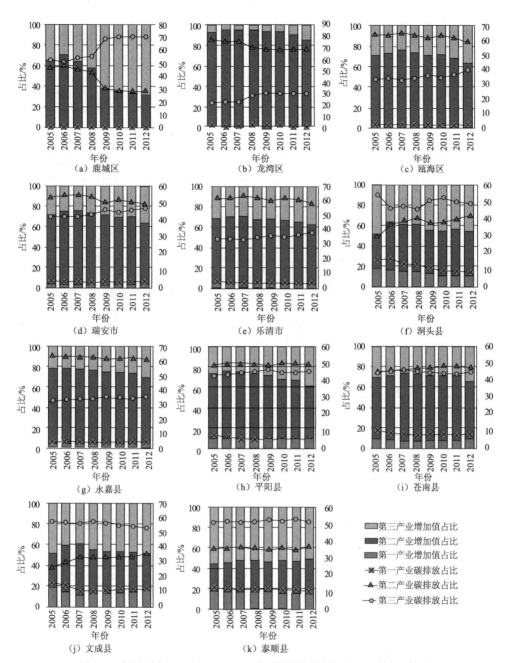

图 5.3　各县（市、区）2005~2012 年能源活动碳排放的三次产业构成

从人均碳排放角度，温州市各县（市、区）之间仍存在较大差距。以 2010 年为例，人均碳排放量最高的为龙湾区，约 8.5 吨；人均碳排放量大于 3 吨的县

（市、区）依次为瑞安市（4.7 吨）、瓯海区（4.7 吨）、鹿城区（3.9 吨）、苍南县（3.9 吨）、乐清市（3.5 吨）、平阳县（3.4 吨）、永嘉县（3.1 吨）和洞头县（3.0 吨）；人均碳排放量小于 3 吨的县（市、区）为文成县（2.0 吨）和泰顺县（1.3 吨）。龙湾区人均碳排放量尤为突出，是人均碳排放量最低的泰顺县的 6 倍以上，是其他人均碳排放量处于中等水平的县（市、区）的 2 倍左右。

对比分区各县（市、区）碳排放量水平与三次产业构成可以发现，尽管龙湾区和瑞安市的能源活动碳排放量均处在高位水平，但排放来源存在较大区别。龙湾区（含经开区）第二产业在经济总量中长期占比超过或接近 70%，反映了龙湾区产业结构长期以第二产业（主要是工业）为主，而第二产业也是其碳排放的最主要来源；相对而言，瑞安市第三产业排放相对较为均衡（第二产业占比接近 50%，第三产业小于 50%），其碳排放量较高主要是人口相对较多和第二产业相对发达两个因素共同作用的结果。

洞头县、文成县和泰顺县第一产业在经济总量中占比接近 10%，相应的第二产业占比小于或接近 40%。特别是文成县和泰顺县第一产业碳排放比例显著高于其他县（区、市），表明其工业化水平尚不发达，社会经济发展水平相对落后于其他县（市、区）。

鹿城区第二产业在增加值和碳排放中占比自 2007 年开始均出现明显下降趋势，而第三产业增加值和碳排放水平显著上升（2010 年第三产业的增加值占比达到 70%、碳排放占比超过 60%），与鹿城区工业外迁的同时大力发展第三产业存在明显关系。其他县（市、区）碳排放三次产业结构相对较为均衡（第二产业结构占比为 50%～60%），人均碳排放量也较为接近。

5.2 温州市各县（市、区）碳排放指标分解方案

5.2.1 国内外主流方法学借鉴

1. 《京都议定书》减排目标分配模式

1997 年在日本京都举行的《联合国气候变化框架公约》（简称《公约》）缔约方第三次大会上，通过了旨在限制发达国家温室气体排放量以抑制全球气候变暖，具有法律约束力的《京都议定书》，首次为发达国家设立强制减排目标，也

是人类历史上首个具有法律约束力的减排文件。根据《京都议定书》第 3 条第 1
款和第 7 款，《公约》附件一所列缔约方应个别地或共同地确保其在《京都议定
书》附件 A 中所列温室气体的人为二氧化碳排放总量不超过按照附件 B 中所载其
量化的限制和减少排放的承诺和根据本条的规定所计算的其分配数量，以使其在
2008～2012 年承诺期内这些气体的全部排放量从 1990 年水平至少减少 5%；在从
2008～2012 年第一个量化的限制和减少排放的承诺期内，附件一所列每一缔约方
的分配数量应等于在附件 B 中对附件 A 所列温室气体在 1990 年或按照上述第 5
款确定的基准年或基准期内其人为二氧化碳排放总量所载的其百分比乘以 5。

　　这意味着，《公约》附件一缔约方在《京都议定书》下的量化减排或排放限
额承诺，是指在一个承诺期内平均每年被允许的排放量，这一数值以相对于 1990
年的减排或排放限额百分比来表示。在 2008～2012 年的《京都议定书》第一承诺
期内，发达国家的温室气体排放量应在 1990 年的基础上平均减少 5%，由于第一
承诺期时各缔约方没有在公约下做出减排承诺，因此没有承诺期终止年的排放许
可限制，只要实现了年均减排或排放限制的承诺即可，终止年的排放量可以超过
或低于年均排放许可水平。不同国家或集团在 5%的总目标下各自选择目标并进行
谈判，也就是在"自上而下"总目标的约束下进行"自下而上"的承诺，以差异
性减排目标的方式减排。各国或地区的具体减排目标分别是：欧盟与瑞士、摩纳
哥、列支敦士登、保加利亚、爱沙尼亚、罗马尼亚、斯洛伐克、立陶宛、拉脱维
亚、捷克共和国减排 8%，美国减排 7%，日本、加拿大、波兰、匈牙利减排 6%，
克罗地亚减排 5%，新西兰、俄罗斯、乌克兰减排 0%。可允许冰岛、澳大利亚、
挪威分别增加 10%、8%、1%的排放量，具体见表 5.5。

表 5.5　《京都议定书》附件 B 发达国家第一承诺期减排目标

缔约方	量化的限制或减少排放的承诺（基准年或基准期百分比）
澳大利亚	108
奥地利	92
比利时	92
保加利亚*	92
加拿大	94
克罗地亚*	95
捷克共和国*	92
丹麦	92
爱沙尼亚*	92

续表

缔约方	量化的限制或减少排放的承诺（基准年或基准期百分比）
欧洲共同体	92
芬兰	92
法国	92
德国	92
希腊	92
匈牙利*	94
冰岛	110
爱尔兰	92
意大利	92
日本	94
拉脱维亚*	92
列支敦士登	92
立陶宛*	92
卢森堡	92
摩纳哥	92
荷兰	92
新西兰	100
挪威	101
波兰*	94
葡萄牙	92
罗马尼亚*	92
俄罗斯联邦*	100
斯洛伐克*	92
斯洛文尼亚*	92
西班牙	92
瑞典	92
瑞士	92
乌克兰*	100
大不列颠及北爱尔兰联合王国	92
美利坚合众国	93

*正在向市场经济过渡的国家

《京都议定书》的减排目标分配应该说喜忧参半，其并未通过相应机制的建立调和发达国家和发展中国家之间的矛盾分歧，《公约》确立了"共同但有区别的责任"原则，但该原则的伦理基础和操作规范都是含糊不清的，各方可以从中得出不同的解释。发达国家更加强调"共同"，而发展中国家则更加侧重于"有区别"。旨在落实《公约》的《京都议定书》虽然确定了 2008～2012 年的具体减排目标，但它只是各方根据自己的利益与情势协商的结果，并非奠基于任何"特定的理由"。2001 年，美国出于单边主义目的宣布退出了《京都议定书》。也正因为上述原因，当前第二承诺期的谈判仍然充满冲突，其进程甚至更加艰难。

但是《京都议定书》目标分配模式为后续国家、国家集团、区域的指标分解提供了最初的一套范式，即"自上而下"确立减排主体总目标，以统一模式或"自下而上"的灵活模式提出每一个减排主体自身目标，最终能满足总目标的实现。而往往在现实情况下，不管是统一模式还是灵活模式都是需要通过相互谈判来修正以达成共识的，基准年的设定也是通过谈判及数据可得性而非具体科学依据所形成的共识。

2. 欧盟国家及排放交易体系分配模式

《京都议定书》对欧盟整体提出了 2012 年温室气体排放比 1990 年减少 8%的要求，并允许欧盟向成员国分配减排指标。为推动实现减排目标，欧盟 2003 年通过了《温室气体排放许可交易法令》（EC Directive 2003/87），建立了温室气体排放交易体系。欧盟排放交易体系的配额分配可以分为三个层面：首先，《京都议定书》设定欧盟整体减排责任；其次，欧盟按照《欧盟责任分担协议》规定各成员国的减排义务；最后，各成员国制定《国家分配计划》（National Allocation Plan，NAP），将配额总量分配给减排实体。具体流程如图 5.4 所示。

根据《京都议定书》，欧盟承诺到 2012 年要在 1990 年的基础上减排 8%。但是欧洲委员会并没有要求每一个成员国都承担同样的减排义务。《欧盟责任分担协议》规定了每个成员国具体的减排义务，在规定每个成员国减排义务的时候，充分考虑各个成员国的经济发展情况。因此，总体而言，相对富裕的国家承担的减排义务要大一些（如要求德国在 1990 年的水平上减排 21%），而相对不富裕的国家实际上被允许增加排放（如希腊被允许在 1990 年的水平上增加 25%的排放），具体分配情况如表 5.6 所示。

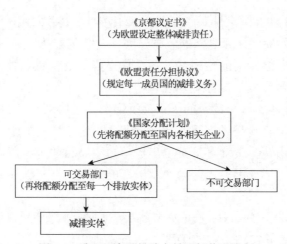

图 5.4 欧盟国家及排放交易配额分配流程

表 5.6 欧盟 15 个成员国 1990 年温室气体排放情况及京都目标

国家	1990 年温室气体排放量/百万吨二氧化碳	京都目标/%
卢森堡	10.9	−28
德国	1216.2	−21
英国	747.2	−12.5
瑞典	72.9	4.0
丹麦	69.5	−21
法国	558.4	0
荷兰	211.1	−6.0
芬兰	77.2	0
比利时	141.2	−7.5
意大利	509.3	−6.5
奥地利	78.3	−13
希腊	107	25
爱尔兰	53.4	13
西班牙	289.9	15
葡萄牙	61.4	27
欧盟 15 国	4203.9	−8.0

成员国政府制定《国家分配计划》，把配额总量分配给国内各相关企业。《国家分配计划》首先将该国所承担的减排义务在可交易部门和不可交易部门之间分

摊；然后再分配给可交易部门的每一个排放实体，得到配额的排放实体或根据配额排放，或将多余部分在交易市场上转让，或申请注销。因此，每个成员国的国家分配计划决定了该国总的配额以及分配给每个排放实体的具体数额；但是，这两个方面都必须经过欧洲委员会的审核。《国家分配计划》包括以下四部分内容：

（1）成员国在指定阶段内需要分配的配额总量；

（2）配额在各国境内企业之间的分配方法；

（3）新企业或工厂加入各国排放交易体系的方法（比较典型的方式是各国在分配前期对未来可能产生的新企业的排放额进行测算，并在总量中保留这部分配额，以适应后来新进企业）；

（4）提供包含每个管制企业的详细名单，以及被发放的配额量。

欧盟还规定了《国家分配计划》的分配原则：

（1）配额总量必须和成员国《京都议定书》的减排承诺目标、成员国的气候变化政策和减排措施相一致；

（2）欧盟排放交易体系管辖范围内不允许各个行业之间的歧视和不公平做法，分配方法应当公开透明；

（3）配额不得超出实际需要的排放量；

（4）分配方法应当考虑到国家技术和经济上的减排潜力；

（5）分配计划必须遵守欧盟的竞争条款和国家援助条款；

（6）分配计划在提交之前需要听取公众意见。

各成员国所制定的国家分配计划必须符合欧盟排放贸易法令附件二所做的规定。也就是说，在第一阶段的国家分配计划中，必须有至少 95% 的配额免费分配，剩余部分由成员国以拍卖或其他形式分配。在第二阶段，必须有至少 90% 的配额免费分配。分配的配额总量应该与欧盟在履行《京都议定书》承诺所做出的现实的和预计的贡献相一致。在 2008 年前，分配的配额总量应该与成员国在减排量分担协议和《京都议定书》中承诺的减排目标相一致，而且还应该考虑到企业正常生产活动的需要和实现减排的技术潜力。国家分配计划不应该不适当地支持某些生产活动或部门，否则将在部门或企业之间造成价格扭曲或不正当竞争。

此外国家分配计划必须包含新加入者如何参与排放交易体系的信息。一般来说，新加入者可以通过三种方式利用配额：允许新加入者在市场上购买配额；通过定期的拍卖提供利用配额的机会；把保留的配额免费向其提供。对于那些在没有法律、指令出台之前已经采取行动减少温室气体排放的部门或企业，应该得到比其他部门或企业更优惠的支持。

国家分配计划制定后要提交欧盟委员会审议，欧盟委员会有权要求成员国对不合格的国家分配计划做出修正，甚至完全拒绝。如果一个成员国的国家分配计划遭到欧盟委员会的拒绝，就必须重新制订，一旦获得通过就不得更改。总的来说，欧盟的国家指标分配机理比较简单，主要考虑人均 GDP、GDP、总排放三个指标。欧盟减少温室气体排放量基于两个部分的努力，一是来自于欧盟排放交易体系的固定份额，二是来自于非欧盟排放交易体系部门，基于人均 GDP 水平核算的分国别份额。其参考年份为 2005 年。其中第二部分份额值是第一部分基础的-20%～20%。

由于其特殊的法律和政治背景，欧盟没有权力批准各个成员国所提交的国家分配计划，但可以审核并且拒绝各个国家分配计划的内容。在制定国家分配计划的过程中，欧盟扮演的是一个协调和指导性的角色，在第一阶段，在如何制定国家分配计划方面并没有官方的指南，欧盟委员会为了帮助各个成员国弥补各个法律机构和利益相关方之间的知识差距，在欧盟排放交易体系的各项指令中只提供非官方的文件来就国家分配计划的制定规定具体操作步骤，并且辅以详细指南说明欧盟委员会如何解释欧盟排放交易体系指令下的各个评估标准。欧盟委员会在 2005 年 12 月发布了针对第二阶段的指南文件，并于 2006 年 11 月发布了指南更新文件，旨在对各成员国分配计划的制定提供法律性文件。

第一阶段为 2005～2007 年，国家分配计划是根据成员国每个企业实际二氧化碳排放状况来确定其排放额度。大部分国家选择的方式都是以政府免费分配为主。分配有明确的规则，首先根据行业的预计产量在行业间分配额度，然后根据每个主要企业占行业排放的比例来确定对于企业的分配。在第一阶段中，受到排放额度分配的总共有能源和工业行业的超过 12000 多家企业，其排放总量相当于欧盟总的温室气体排放量的 45%。

在第二阶段（2008～2012 年），欧盟委员会根据已达成排放交易指令的 12 项标准对每个成员国的国家分配计划进行评估。这些标准必须满足以下的要求：排放量的上限与配额充足以满足成员国实现京都目标的要求；消除具体企业与行业间的分歧；降低采用清洁发展机制（CDM）[①] 或联合履行机制（JI）项目所进行的补偿；规制新的进入者、清洁技术等。第二阶段又是"京都期"，因此国家分配计划必须保证京都目标的达成，即 2008～2012 年欧盟每年要减排约 2 亿吨二氧化碳。

第二阶段各成员国的国家分配计划上交于 2006 年 7 月，欧盟委员会于 2007 年 10 月 26 日审核通过所有 27 个成员国的国家分配计划。如表 5.7 所示，欧盟委员会在每个成员国国家分配计划年均配额要求上平均减少了 10.5%的分配配额，这也增加了完成京都目标的可能性。同时值得注意的是，这种减少分配配额的做法也是欧盟委员会吸取了第一阶段配额分配相对过多的教训。

---

① CDM 是《京都议定书》中提出的三种国际合作减排机制中的一种，主要是指发达国家通过向发展中国家的减排项目提供资金和技术获得项目所实现的"经核证的减排量"，用于完成其在《京都议定书》第三条下的承诺。

表 5.7 欧盟排放交易体系第二阶段配额通过情况

国家	第一阶段年均配额/百万吨二氧化碳	2005 年排放量/百万吨二氧化碳	京都要求/百万吨二氧化碳	欧盟委员会通过量/百万吨二氧化碳	通过量占要求量比重/%
奥地利	33.00	33.40	32.80	30.70	93.60
比利时	62.08	55.40	63.30	58.50	92.42
保加利亚	—	—	67.60	42.30	62.57
捷克共和国	97.60	82.50	101.90	86.80	85.18
塞浦路斯	—	—	7.12	5.48	76.97
丹麦	—	26.50	24.50	24.50	100.00
爱沙尼亚	19.00	12.62	24.38	12.72	52.17
芬兰	—	—	39.60	37.60	94.95
法国	156.50	131.30	132.80	132.80	100.00
德国	499.00	474.00	482.00	453.10	94.00
希腊	74.40	71.30	75.50	69.10	91.52
匈牙利	31.30	26.00	30.70	26.90	87.62
爱尔兰	22.30	22.40	22.60	22.30	98.67
意大利	223.10	225.50	209.00	195.80	93.68
拉脱维亚	4.60	2.90	7.70	3.43	44.55
立陶宛	12.30	6.60	16.60	8.80	53.01
卢森堡	3.40	2.60	3.95	2.50	63.29
马耳他	2.90	1.98	2.96	2.10	70.95
荷兰	95.30	80.35	90.40	85.80	94.91
波兰	239.10	203.10	284.60	208.50	73.26
葡萄牙	—	—	35.90	34.80	96.94
罗马尼亚	—	—	95.70	75.90	79.31
斯洛伐克	30.50	25.20	41.30	30.90	74.82
斯洛文尼亚	8.80	8.70	8.30	8.30	100.00
西班牙	184.40	182.60	152.70	152.30	99.74
瑞典	22.90	19.30	25.20	22.80	90.48
英国	245.30	242.40	246.20	246.20	100.00
总计	2067.78	1936.65	2325.31	2080.93	89.49

2009 年欧盟委员会发布了欧盟指令（EC Directive 2009/29），决定从第三阶段（2013～2017 年）开始，对欧盟排放交易体系下受控设施排放配额分配方案在方法和规则上进行重大变革，开始了一种更加集权的分配方式，《国家分配计划》被终止，取而代之的是国家执行措施（National Implementation Measures，NIMS），改革内容具体包括：①欧盟排放交易体系覆盖的行业和设施的配额分配将不再受成员国控制，而是由欧盟委员会制定统一的配额分配方案；②扩大排放交易体系行业覆盖范围，同时逐年缩减配额，2013 年为 20.39 亿，以后每年下降 1.74%，到 2020 年相比 2005 年降低 21%；③对不参与国际竞争的电力和热力生产行业引入配额拍卖制度并逐步扩大拍卖比例，其中第一年（即 2013 年）为 20%，2020 年达到 70%，到 2027 年实现 100%拍卖，其余比例以及对可能引起"国际碳泄漏"的行业仍免费分配；④免费分配的规则将不同于第一阶段和第二阶段，各受控设施免费获得的额度等于其过去三年的平均产品产量乘以欧盟境内排名前 10%的单位产品碳排放强度基准（Benchmark），超出该基准的部分则需要通过拍卖获得；⑤修订受控设施的排放监测、报告和验证指南。在第三阶段，欧盟排放交易机制涵盖的行业到 2020 年相比 2005 年的排放水平要求减排 21%，欧盟排放交易机制未涵盖的行业到 2020 年相比 2005 年的排放水平要求减排 10%。

1998 年 6 月，欧盟 15 国为履行《京都议定书》第一承诺期（2008～2012 年）的减排承诺目标通过了第一份"内部减排量分担协议"（Burden Sharing Agreement）。在单方面承诺到 2020 年减排 20%的目标后，欧盟在 2009 年发布了欧盟指令（EC Decision 406/2009），对 27 个成员国 2012 年后的减排目标进行了分配。一是成员国的减排目标分担仅限于非排放交易体系覆盖的行业。欧盟非排放交易体系覆盖的行业整体减排目标是到 2020 年相比 2005 水平下降 10%；二是分配原则更加简化，主要是按照各成员国之间人均 GDP 的差距，以各国经核证的 2005 年排放量为基准，把到 2020 年非排放交易体系覆盖的行业的温室气体排放减限排目标分解到 27 个成员国，如表 5.8 所示。总体上看，最初的欧盟 15 个成员国的温室气体排放相比 2005 年大部分有不同程度的下降，而剩余 12 个东欧经济转型国家则允许一定程度的上升。

表 5.8 欧盟 27 个成员国就非排放交易体系覆盖的行业达成的内部分担方案

国家	2020 年相比 2005 年的下降目标/%	2020 年可再生能源占最终能源消费量的贡献率目标/%
奥地利	−16	34
比利时	−15	13
保加利亚	20	16

续表

国家	2020年相比2005年的下降目标/%	2020 年可再生能源占最终能源消费量的贡献率目标/%
塞浦路斯	−5	13
捷克共和国	9	13
丹麦	−20	30
爱沙尼亚	11	25
芬兰	−16	38
法国	−14	23
德国	−14	18
希腊	−4	18
匈牙利	10	13
爱尔兰	−20	16
意大利	−13	17
拉脱维亚	17	40
立陶宛	15	23
卢森堡	−20	11
马耳他	5	10
荷兰	−16	14
波兰	14	15
葡萄牙	1	31
罗马尼亚	19	24
斯洛伐克	13	14
斯洛文尼亚	4	25
西班牙	−10	20
瑞典	−17	49
英国	−16	15

　　目前,欧盟各国免费分配基本都是基于历史排放法(祖父法,Grandfathering),很少采用基准法进行分配。祖父法一般被认为在初始阶段可行,因其所面临的政治阻力较小,并且易于实施。但是祖父法会导致负面的诱因,即"过去排放较多的实体会获得较多的配额"。基准法是用历史产量的指数或者设备容量乘

以标准排放比率，来决定单个设备分配数量的分配方法，从而为高效的实体提供激励机制。

欧盟排放交易体系中根据历史排放而非基准进行分配，是因为在已有的生产安装中过程和条件有相当大的差异：①行业间的差别，不可能对于钢铁行业或者水泥行业或者电力行业采用一样的基准。②即使相同行业中，不同种类的公司采用的基准都不一定相同。举例来说，从鼓风炉生产的和从电弧炉生产的钢，排放水平是不同的。③同一家公司不同设备的基准也不会一致。根据基准原则进行分配在许多成员国中被尝试，但都放弃了。

只有每种工业按照相似的子程序和产品发展一套基准系列，这样才是公平和可被接受的。荷兰做了一个严肃的尝试，试图发展了一个基准分配，但是在发展了 125 个基准之后被废弃了。这种不统一性是真实存在的，甚至对电力行业，产品相同但是生产条件却大不相同。在德国电力工业，被要求做出一个适当的基准，它计划了 36 种不同的标准。根据欧盟委员会对利益相关方的调查，3/4 工业参加者，偏爱基准，但是要求基点必须充分考虑到他们的工业里面的特定的情形。

另外的因素也制约着基准的采用：①欧洲计划开始日期和数据申报，需要一个简单的解决方案。没有足够的时间在必需的工业和子工业分类基准问题上取得一致。②缺乏任何的已有的法律和制度的惯例做标准。美国 SO_2 计划尽管排放比率有巨大不同，基准根据《新排放源达标标准》(New Source Performance Standard，NSPS) 被采用；而对于二氧化碳无类似的具有法律效力的制度存在。

基准没有被普遍选择，但在一些特别的情形也被使用。例如，没有历史排放的新进入者。另外在西班牙，有几个工业采用了基准，因为可靠的排放量数据在公司层级无法获得。西班牙在电力实体部门中的对现有的设备采用的基准是有差异的，对现存的燃煤电厂根据燃料的差异修正值，确定燃料特性基准。意大利和波兰允许一些部门从现有排放、预计排放、基准之中进行选择，少数部门则选择了基准法。

欧盟的国家及排放交易体系分配模式相对于《京都议定书》模式而言更具有操作性，而且经历了三个阶段，已经计累了相当的实践经验，欧盟也对这套系统做了反复的改革和调整，是很好的参照体系。该核算体系的计算方法简单易行，但没有充分考虑国与国之间除了 GDP 水平之外的具体差异，如发展阶段、资源禀赋、技术水平等，同时该分配体系是基于总量的分配体系，与我国基于强度的分配体系存在一定差别，但其基于现实情况进行理性折中追求效率和公平的模式仍然值得借鉴。

3. 国内二氧化硫指标分配经验

我国早在"九五"期间就实行了主要污染物总量控制计划,《中华人民共和国国民经济和社会发展"九五"计划和 2010 年远景目标纲要》提出了我国"九五"期间的环境保护目标,到 2000 年,力争使环境污染和生态破坏加剧的趋势得到基本控制,部分城市和地区的环境质量有所改善,并提出"创造条件实施污染物排放总量控制"。进行总量控制的主要包括 12 种污染物,大气污染物指标(3 个):烟尘、工业粉尘、二氧化硫。废水污染物指标(8 个):化学需氧量、石油类、氰化物、砷、汞、铅、镉、六价铬。固体废物指标(1 个):工业固体废物排放量。其总量分解服从总目标,到 2000 年全国主要污染物排放总量控制在"八五"时期末的水平,总体上不得突破。凡属"九五"期间国家重点污染控制的地区和流域,相应控制的污染物排放总量应当有所削减,主要包括:酸雨控制区和二氧化硫控制区;淮河、海河、辽河流域;太湖、滇池、巢湖流域。根据不同地区经济与环境现状,适当照顾地区差别。东部地区要在"八五"时期末的基础上有所削减,中部地区控制在"八五"时期末的水平,西部地区根据具体情况,部分指标可适当放宽。对危害性大的有毒污染物,如氰化物、砷、重金属等,必须从严控制,比"八五"时期末有所减少;对烟尘、工业粉尘、化学需氧量、石油类、工业固体废物排放量等要控制在"八五"时期末的水平;对控制难度大的二氧化硫排放量在酸雨和二氧化硫控制区要力争控制在"八五"时期末的水平。实行污染物排放总量控制,要有利于实现环境资源的合理配置,有利于贯彻国家产业政策,有利于企业技术进步,有利于提高治理污染的积极性。把污染物排放量往企业分解时,必须首先要求企业达标排放。

当时总量控制的基本做法是:①在各省(区、市)申报的基础上,核实省级 1995 年排放量基数;经全国综合平衡,编制全国污染物排放总量控制计划;把"九五"期间主要污染物排放量分解到各省(区、市),作为国家控制计划指标。②各省(区、市)把省级控制计划指标分解下达,逐级实施总量控制计划管理。③污染物排放量较大的工业部门,力争实现增产不增污。④编制年度计划。⑤年度检查、考核,定期公布各地总量控制指标完成情况。⑥依照《水污染防治法》规定,对污染严重的水体实施重点污染物排放的总量控制制度。按照水体所必须达到的水环境质量标准要求,确定严于本计划的污染物排放总量指标,并对有排污量削减任务企业实施污染物排放量核定制度。

2001 年国务院批复了《国家环境保护"十五"计划》。该计划中包括"十五"期间全国主要污染物排放总量分解计划,第一位的污染物就是二氧化硫,并将二氧化硫指标分解到各省(区、市)。文件明确要求地方各级人民政府要将环境保护目标和措施纳入省长、市长、县长目标责任制，建立总量控制指标和环境质量指标完成情况考核制度。

"十一五"期间全国主要污染物排放总量控制计划中也进一步明确了主要污染物排放总量控制指标的分配原则，即在确保实现全国总量控制目标的前提下，综合考虑各地环境质量状况、环境容量、排放基数、经济发展水平和削减能力以及各污染防治专项规划的要求，对东部、中部和西部地区实行区别对待，如表 5.9 所示。

表 5.9 "十一五"期间各地区二氧化硫排放总量控制计划表

地区	2005 年排放量/万吨	2010 年/万吨		2010 年比 2005 年下降比例/%
		控制量	其中：电力	
北京	19.10	15.20	5.00	20.4
天津	26.50	24.00	13.10	9.4
河北	149.60	127.10	48.10	15.0
山西	151.60	130.40	59.30	14.0
内蒙古	145.60	140.00	68.70	3.8
辽宁	119.70	105.30	37.20	12.0
其中：大连	11.89	10.11	3.54	15.0
吉林	38.20	36.40	18.20	4.7
黑龙江	50.80	49.80	33.30	2.0
上海	51.30	38.00	13.40	25.9
江苏	137.30	112.60	55.00	18.0
浙江	86.00	73.10	41.90	15.0
其中：宁波	21.33	11.12	7.78	47.9
安徽	57.10	54.80	35.70	4.0
福建	46.10	42.40	17.30	8.0
其中：厦门	6.77	4.93	2.17	27.2
江西	61.30	57.00	19.90	7.0
山东	200.30	160.20	75.70	20.0
其中：青岛	15.54	11.45	4.86	26.3
河南	162.50	139.70	73.80	14.0
湖北	71.70	66.10	31.00	7.8

续表

地区	2005 年排放量/万吨	2010 年/万吨		2010 年比 2005 年下降比例/%
		控制量	其中：电力	
湖南	91.90	83.60	19.60	9.0
广东	129.40	110.00	55.40	15.0
其中：深圳	4.35	3.48	2.78	20.0
广西	102.30	92.20	21.00	9.9
海南	2.20	2.20	1.60	0.0
重庆	83.70	73.70	17.60	11.9
四川	129.90	114.40	39.50	11.9
贵州	135.80	115.40	35.80	15.0
云南	52.20	50.10	25.30	4.0
西藏	0.20	0.20	0.10	0.0
陕西	92.20	81.10	31.20	12.0
甘肃	56.30	56.30	19.00	0.0
青海	12.40	12.40	6.20	0.0
宁夏	34.30	31.10	16.20	9.3
新疆	51.90	51.90	16.60	0.0
其中：新疆生产建设兵团	1.66	1.66	0.66	0.0
合计	2549.40	2246.70	951.70	11.9

注：（1）全国二氧化硫排放量削减 10%的总量控制目标为 2294.4 万吨，实际分配给各省 2246.7 万吨，国家预留 47.7 万吨，用于二氧化硫排污权有偿分配和排污权交易试点工作。

（2）新疆生产建设兵团二氧化硫排放量不包括兵团所属各地生活来源及农八师（石河子市）的二氧化硫排放量

2011 年，环境保护部《"十二五"期间全国主要污染物排放总量控制计划》进一步完善了总量和分解方案，并出台了《"十二五"主要污染物总量控制规划编制技术指南》，其中提到要按照污染源普查动态更新工作要求，准确掌握本辖区主要污染物排放状况、重点行业治理水平，科学测算总量控制基数、新增量，上下统筹衔接，将减排任务分解落实到地区、行业、项目，明确工作重点，落实责任、严格考核，通过规划编制切实推动"十二五"期间污染减排工作。各省（区、市）按照《"十二五"主要污染物总量控制规划编制技术指南》的方法，科学测算污染物新增量，深入挖潜分析减排量，合理制定"十二五"期间减排目标，明确提出减排工程和政策措施，于 2010 年 8 月上报本省（区、市）"十二五"总量控制规划（简称"一上"）。国家结合经济发展态势、产业结构调整要求、环境管理政策标准、区域流域环境质量等因素综合平衡提出各省（区、市）总量控制任务要求（简称"一下"），在"十二五"全国主要污染物总量控制规划批复后，各省（区、市）根据国家总体要求提出总量控制规划修改稿（简称"二上"），国家正式下达总量控制任务要求（简称"二下"），并签署目标责任状，其具体流程如图 5.5 所示。减排目标采取绝对量和相对量两种表达形式。各省（区、市）"十二五"主要污染物削减比例原则上参照本省（区、市）"十一五"减排比例要求测算。

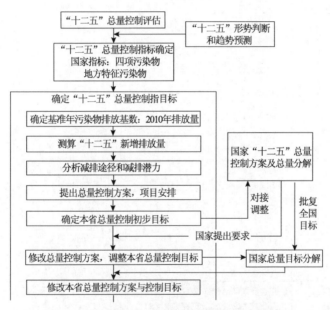

图 5.5　"十二五"总量控制方案设计与目标确定

在具体操作和计算方面，各省（区、市）以污染源普查动态更新后的 2009 年主要污染物排放量为基础，采用 2007～2009 年的污染源普查口径数据变化趋势递推，参考 2010 年污染物减排计划及"十一五"期间污染减排实际进展情况，推算 2010 年排放量，作为总量控制规划"一上""一下""二上"的排放量基数。污染源普查中的集中式污染治理设施的排放量和削减量要结合各地实际，合理分摊到工业和生活污染源。待 2010 年实际排放量确定后，国家统一调整排放基数，作为"十二五"总量控制方案和"十二五"减排考核的基数，其最终分解方案如表 5.10 所示。

表 5.10 "十二五"期间各地区二氧化硫排放总量控制计划

地区	2010 年排放量/万吨	2015 年控制量/万吨	2015 年比 2010 年下降比例/%
北京	10.4	9.0	13.5
天津	23.8	21.6	9.2
河北	143.8	125.5	12.7
山西	143.8	127.6	11.3
内蒙古	139.7	134.4	3.8
辽宁	117.2	104.7	10.7
吉林	41.7	40.6	2.6
黑龙江	51.3	50.3	2.0
上海	25.5	22.0	13.7
江苏	108.6	92.5	14.8
浙江	68.4	59.3	13.3
安徽	53.8	50.5	6.1
福建	39.3	36.5	7.1
江西	59.4	54.9	7.6
山东	188.1	160.1	14.9
河南	144.0	126.9	11.9
湖北	69.5	63.7	8.3
湖南	71.0	65.1	8.3
广东	83.9	71.5	14.8
广西	57.2	52.7	7.9
海南	3.1	4.2	−35.5
重庆	60.9	56.6	7.1
四川	92.7	84.4	9.0
贵州	116.2	106.2	8.6
云南	70.4	67.6	4.0
西藏	0.4	0.4	0.0
陕西	94.8	87.3	7.9
甘肃	62.2	63.4	−1.9
青海	15.7	18.3	−16.6
宁夏	38.3	36.9	3.7

地区	2010 年排放量/万吨	2015 年控制量/万吨	2015 年比 2010 年下降比例/%
新疆	63.1	63.1	0.0
新疆生产建设兵团	9.6	9.6	0.0
合计	2267.8	2067.4	8.8

注：全国二氧化硫排放量削减 8%的总量控制目标为 2086.4 万吨，实际分配给各地区 2067.4 万吨，国家预留 19.0 万吨，用于二氧化硫排污权有偿分配和交易试点工作

尽管二氧化硫指标分配是基于总量的分配体系，而我国单位 GDP 二氧化碳排放的地方分配是基于强度的分配体系，其分配出发点不同而导致分配方法也不尽相同，但是其分配原则值得借鉴，即地方指标分配需要考虑综合地方经济发展水平、排放现状、排放潜力等方面。同时，其在计算方法、全国目标平衡等方面的具体操作和计算方法也同样可以借鉴。

4. 国内能耗强度指标分配经验

2006 年国家发展和改革委员会首次出台了《"十一五"期间各地区单位生产总值能源消耗降低指标计划》，其中规定"十一五"期间国家对单位 GDP 能源消耗降低指标实行计划管理，能源消耗基数按 2005 年统计结果确定。全国单位 GDP 能源消耗指标从 2005 年的 1.22 吨标准煤/万元下降到 2010 年的 0.98 吨标准煤/万元，降幅 20%左右。单位 GDP 能源消耗降低指标的地区分解原则是：对"十一五"期间已经自行明确提出降耗 20%以上的地区，对其降耗指标予以确认；对降耗指标低于 20%或没有提出该指标的地区，在确保实现全国总目标的前提下，综合考虑其发展水平、产业结构、单位生产总值能耗情况、能源消费总量、人均能源消费量、能源自给水平等因素，确定其能耗降低指标，具体指标如表 5.11 所示。单位生产总值能源消耗指标是具有法律效力的约束性指标，各省（区、市）都将其纳入经济社会发展综合评价、绩效考核和政绩考核，并分解落实到各市（地）、县及有关行业和重点企业。

表 5.11　"十一五"期间各地区单位生产总值能源消耗降低指标计划表

地区	2005 年基数 /（吨标准煤/万元）	2010 年目标 /（吨标准煤/万元）	下降幅度/%
全国	1.22	0.98	20
北京	0.80	0.64	20
天津	1.11	0.89	20

续表

地区	2005 年基数 /（吨标准煤/万元）	2010 年目标 /（吨标准煤/万元）	下降幅度/%
河北	1.96	1.57	20
山西	2.95	2.21	25
内蒙古	2.48	1.86	25
辽宁	1.83	1.46	20
吉林	1.65	1.16	30
黑龙江	1.46	1.17	20
上海	0.88	0.70	20
江苏	0.92	0.74	20
浙江	0.90	0.72	20
安徽	1.21	0.97	20
福建	0.94	0.79	16
江西	1.06	0.85	20
山东	1.28	1.00	22
河南	1.38	1.10	20
湖北	1.51	1.21	20
湖南	1.40	1.12	20
广东	0.79	0.66	16
广西	1.22	1.04	15
海南	0.92	0.81	12
重庆	1.42	1.14	20
四川	1.53	1.22	20
贵州	3.25	2.60	20
云南	1.73	1.44	17
西藏	1.45	1.28	12
陕西	1.48	1.18	20
甘肃	2.26	1.81	20
青海	3.07	2.55	17
宁夏	4.14	3.31	20
新疆	2.11	1.69	20

注：各地区单位生产总值能源消耗按 2005 年不变价格计算

最初的分配方案中绝大多数省份将以 2005 年当地的能耗数据为基数，实现 20%的降幅，并有个别省份要求其能耗强度下降 25%以上。但是在实际操作过程中，综合考虑到各地经济发展水平、产业结构的差异，各省份"十一五"期间节能目标进行了调整。总的来说，"十一五"期间节能目标的分配方式属于"一刀切"方式，还有改进的空间。

"十一五"期间，我国以能源消耗年均 6.6%的增速支撑了国民经济年均 11.2%的增长，能源消费弹性系数由"十五"时期的 1.04 下降到 0.59，节约能源 6.3 亿吨标准煤，全国单位 GDP 能耗下降 19.1%，2010 年与 2005 年相比，火电供电煤耗由 370 克标准煤/千瓦时降到 333 克标准煤/千瓦时，下降 10.0%；吨钢综合能耗由 688 千克标准煤降到 605 千克标准煤，下降 12.1%；水泥综合能耗下降 28.6%；乙烯综合能耗下降 11.3%；合成氨综合能耗下降 14.3%，基本完成了《"十一五"规划纲要》确定的目标任务。

国务院分别于 2011 年和 2012 年印发了《"十二五"节能减排综合性工作方案》（国发〔2011〕26 号）和《节能减排"十二五"规划》（国发〔2012〕40 号），其中规定到 2015 年全国万元 GDP 能耗下降到 0.869 吨标准煤（按 2005 年价格计算），比 2010 年的 1.034 吨标准煤下降 16%（比 2005 年的 1.276 吨标准煤下降 32%）。"十二五"期间各地区、各行业的节能减排目标的确定也综合考虑了经济发展水平、产业结构、节能潜力、环境容量及国家产业布局等因素，如表 5.12 所示，各地区同时将国家下达的节能减排目标分解落实到下一级政府、有关部门和重点单位。国家发展和改革委员会每年组织开展省级人民政府节能减排目标责任评价考核，考核结果作为领导班子和领导干部综合考核评价的重要内容，纳入政府绩效管理，实行问责制。

表 5.12 "十一五"和"十二五"期间各地区节能目标

地区	单位 GDP 能耗降低率/%		
	"十一五"时期	"十二五"时期	2006～2015 年累计
全国	19.06	16	32.01
北京	26.59	17	39.07
天津	21.00	18	35.22
河北	20.11	17	33.69
山西	22.66	16	35.03
内蒙古	22.62	15	34.23
辽宁	20.01	17	33.61

续表

地区	单位 GDP 能耗降低率/%		
	"十一五"时期	"十二五"时期	2006~2015 年累计
吉林	22.04	16	34.51
黑龙江	20.79	16	33.46
上海	20.00	18	34.40
江苏	20.45	18	34.77
浙江	20.01	18	34.41
安徽	20.36	16	33.10
福建	16.45	16	29.82
江西	20.04	16	32.83
山东	22.09	17	35.33
河南	20.12	16	32.90
湖北	21.67	16	34.20
湖南	20.43	16	33.16
广东	16.42	18	31.46
广西	15.22	15	27.94
海南	12.14	10	20.93
重庆	20.95	16	33.60
四川	20.31	16	33.06
贵州	20.06	15	32.05
云南	17.41	15	29.80
西藏	12.00	10	20.80
陕西	20.25	16	33.01
甘肃	20.26	15	32.22
青海	17.04	10	25.34
宁夏	20.09	15	32.08
新疆	8.91	10	18.02

注:"十一五"时期各地区单位 GDP 能耗降低率除新疆外均为国家统计局最终公布数据,新疆为初步核实数据

单位 GDP 能耗或 GDP 能源强度目标的地区分解应该说是最和碳强度目标类似的方案,并且其充分考虑了中国国情,是很好的借鉴对象,虽然其在"十一五"

期间因经济刺激计划等原因，目标的完成度并不十分理想，但总体而言，仍是一次成功的能源环境目标管理。当中暴露出来的问题也为碳强度目标的分解与实施方案的周全设计提供了非常好的范例。

5. 国内碳强度目标分解的方案

《"十二五"控制温室气体排放工作方案》（简称《方案》）于 2011 年由国务院以国发〔2011〕41 号印发，《方案》分总体要求和主要目标、综合运用多种控制措施、开展低碳发展试验试点、加快建立温室气体排放统计核算体系、探索建立碳排放交易市场、大力推动全社会低碳行动、广泛开展国际合作、强化科技与人才支撑、保障工作落实 9 部分。《方案》提出，围绕到 2015 年全国单位 GDP 二氧化碳排放比 2010 年下降 17%的目标，大力开展节能降耗，优化能源结构，努力增加碳汇，加快形成以低碳为特征的产业体系和生活方式。《方案》采用了多方法综合的结果，并侧重于先对地区分类、再分解指标的均值调整思路。该方案先将 31 个地区分成三类，然后在各地区能耗强度下降指标的基础上加上一个调整量，得到各地区的碳强度下降指标，调整量与各地区所处的分类有关，有 0%、1%和 1.5%三档。当然方案并非最终的地区分配结果，真正的指标下达是在国家发展和改革委员会相关职能部门和地区政府共同协商下决定的，如表 5.13 所示。

表 5.13　"十二五"期间各地区单位 GDP 二氧化碳排放下降指标　　单位：%

地区	单位 GDP 二氧化碳排放下降	单位 GDP 能源消耗下降	调整量
黑龙江	16	16	0
西藏	10	10	0
青海	10	10	0
北京	18	17	1
天津	19	18	1
河北	18	17	1
山西	17	16	1
内蒙古	16	15	1
辽宁	18	17	1
吉林	17	16	1
上海	19	18	1

续表

地区	单位 GDP 二氧化碳排放下降	单位 GDP 能源消耗下降	调整量
江苏	19	18	1
浙江	19	18	1
安徽	17	16	1
江西	17	16	1
山东	18	17	1
河南	17	16	1
湖北	17	16	1
湖南	17	16	1
广西	16	15	1
海南	11	10	1
重庆	17	16	1
贵州	16	15	1
陕西	17	16	1
甘肃	16	15	1
宁夏	16	15	1
新疆	11	10	1
福建	17.5	16	1.5
广东	19.5	18	1.5
四川	17.5	16	1.5
云南	16.5	15	1.5

2014 年国务院办公厅首次将节能减排和低碳发展工作统筹起来考虑，出台了《2014-2015 年节能减排低碳发展行动方案》（国办发〔2014〕23 号），规定 2014 年、2015 年全国单位 GDP 二氧化碳排放量分别下降 4%、3.5%以上。

为全面完成国家下达的到 2015 年全省单位 GDP 二氧化碳排放比 2010 年下降 19%的目标，浙江省印发了《浙江省控制温室气体排放实施方案》，指出将综合运用多种控制措施，积极开展低碳发展试验试点，逐步完善温室气体排放统计核算体系，探索开展排放交易工作，大力推动全社会低碳行动，加强国际国内合作交流，强化科技和人才支撑，并通过评价考核、健全管理体制、落实资金保障等措施确保工作落实，并同时明确了全省各市"十二五"期间单位 GDP 二氧化碳排放下降指标。《浙江省"十二五"单位国内生产总值二氧化碳排放下降指标分解方案》研究中也参考国家方案的做法，省内各市的碳强度下降指标等于各市的能耗强度下降指标加上一个调整量，由于全省的碳强度下降指标是在能耗强度下降指标的基础上加上一个百分点（全省能耗强度下降指标为 18%，碳强度下降指标为 19%），因此该方案的调整量以 1.0%为基准线分为三类，其中低碳试点城市按照低碳试点实施方案确定调整量，都高于 1.0%的基准线，高指标区在"十二五"能耗强度下降指标的基础上加 1.0%，低指标区在"十二五"能耗强度下降指标的基础上加 0.5%，具体指标如表 5.14 所示。浙江省的指标分解除金华在后期有调整外，其余都遵照研究方案中执行。

表 5.14 浙江省各市"十二五"期间能耗和碳强度下降指标分解方案

地市	能耗强度下降指标	碳强度下降指标	调整量	备注
杭州	19.5	20.0	0.5	（1）低碳城市指标 20.0；（2）根据"节能减排财政政策综合示范"的要求，相关指标提前一年完成
宁波	18.5	20.0	1.5	低碳城市指标 20.0
温州	15.0	19.5	4.5	低碳城市指标 19.5
嘉兴	18.5	19.5	1.0	
湖州	19.5	20.5	1.0	
绍兴	19.5	20.5	1.0	
金华	18.5	19.0	0.5	原方案中调整量为 1.0
衢州	20.0	21.0	1.0	
舟山	15.0	16.0	1.0	
台州	13.0	13.5	0.5	
丽水	15.0	15.5	0.5	

国家方案中考虑的指标较多，包括各省碳强度/全国平均碳强度、"十一五"完成情况、新能源资源禀赋、净输入/输出占总能源消费、人均 GDP、综合科技进步水平指数等，如图 5.6 所示，在省级方案因数据可得性则简化为人均 GDP、碳强度以及工业占 GDP 比重三项。

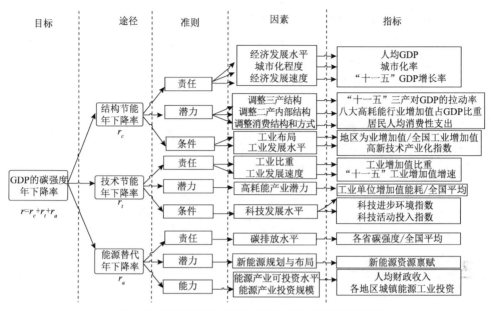

图 5.6 国家方案研究中碳强度下降途径分析的指标体系

5.2.2 温州市碳排放指标分解方法

1. 温州市碳排放指标分解的目标

根据《温州市发展低碳经济及应对气候变化"十二五"规划》和《温州市低碳城市试点工作实施方案》，到 2015 年，温州市单位 GDP 二氧化碳排放比 2010 年下降 19.5%；2019 年，基本实现温州市二氧化碳排放的峰值，实现"增长不增碳"；到 2020 年，实现单位 GDP 二氧化碳排放比 2005 年下降 55% 以上。本方案将以该规划目标作为温州市总体目标进行分解，建立科学合理的指标分解原则和方法学，为鹿城、龙湾、瓯海 3 区，瑞安、乐清 2 市（县级），永嘉、洞头、平阳、苍南、文成、泰顺 6 县分配"十二五"和"十三五"期间及各年度碳排放约束性指标。

2. 温州市碳排放指标分解的原则

温州市各县（市、区）碳排放指标分解要综合考虑到以下几个方面：

（1）效率性，即分解方案能与其他社会经济发展目标的协调，充分保证温州市既定规划目标的实现；

（2）公平性，即分解方案考虑各县（市、区）所处的社会经济发展阶段、低碳发展的现有基础和资源禀赋、温室气体减排潜力等；

（3）透明性，即分解方法和支撑数据透明、可重复性高，便于各县（市、区）与市主管部门协商决策以及社会监督；

（4）可行性，即分解方案考虑各县（市、区）完成碳排放指标的途径、能力与条件等，合理有序地分配指标，完善保障措施逐步推进；

（5）一致性，即与省级和国家体系相衔接，便于统计和考核。

3. 温州市碳排放指标分解的方法

根据国家有关GDP二氧化碳排放强度下降40%～45%目标的分解与实施方案的相关内容，参考浙江省在省内碳排放强度分解中的研究和方案，考虑到当前温州市温室气体排放统计考核体系仍在建设中，相关基础数据较为不足，以及指标分解的紧迫性。因此，温州市碳排放指标的县（市、区）分解将分为两个阶段，如图5.7所示。

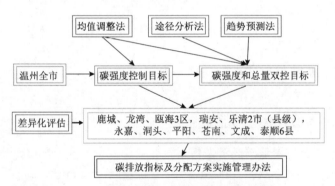

图 5.7　温州市碳指标计划及分解方案设计

第一阶段要尽快完成当前"十二五"碳排放约束性指标的科学合理分解，主要考虑采用碳强度均值调整法，均值调整法是在借鉴欧盟责任分担协议的基础上，将温州市各县（市、区）减排目标分为两部分：一是各县（市、区）基准碳强度下降量，为温州市平均值；二是根据三类指标及其权重确定的各县（市、区）碳强度调整量。这一阶段的指标形式仍采用强度控制目标。

第二阶段是综合设计温州市 2020 年约束性指标分解方案，该方案中同时考虑总量和强度因素的分解任务，为方法学的构建提出了新的要求，考虑在碳强度均值调整法的基础上结合碳排放下降途径分析法和碳排放趋势预测分析法。这一阶段的指标形式可考虑采用强度和总量双控目标，体现温州市试点方案的前瞻性。

4. 温州市碳排放指标分解的依据

温州市碳排放指标计划和分解方案研究总体上遵循国家 GDP 二氧化碳排放强度下降 40%～45%目标的分解与实施方案的基本方法，并借鉴了浙江省"十二五"二氧化碳排放强度下降指标分解落实方案中简化的做法，以保证相关工作的系统性和一致性。主要研究工作侧重于与碳强度和总量峰值目标相关的温室气体种类，即能源活动产生的二氧化碳排放。

温州市方案拟采用两套指标体系，在第一阶段中因只分解相对量目标则先考虑采用简单指标，如表 5.15 所示，在第二阶段因分解绝对量目标则考虑采用更为丰富的指标形式，如表 5.16 所示，涉及主要的排放增长领域。两阶段都考虑将温州市各县（市、区）分为三大类，先发展地区对应高指标区、中后发展地区对应基准指标区、落后发展地区对应低指标区。

表 5.15 第一阶段碳强度目标分解方案指标体系

指标类别	指标体系	后发展阶段		先发展地区	指标权重
		后发展地区	中后发展地区		
责任与能力	人均 GDP（2010 年不变价）/元	< 22395	22395～44790	> 44790	36%
潜力与趋势	三次产业结构	A < I,A < 30%	A < 10%,I > S	A < 10%,S > 45%	36%
环境和条件	人均碳排放/吨二氧化碳	< 3	3～7	> 7	28%

表 5.16 第二阶段碳双控目标分解方案指标体系

指标类别	指标体系	后发展阶段		先发展地区	指标权重
		后发展地区	中等发展地区		
经济总体指标	人均 GDP（2010 年不变价）/元	< 22395	22395～44790	> 44790	24%
工业化指标	三次产业结构	A < I,A < 30%	A < 10%,I > S	A < 10%,S > 45%	11%
	工业结构	< 50%	50%～70%	> 70%	6%
	就业结构	> 30%	15%～30%	< 15%	5%
城镇化指标	城镇化率	< 50%	50%～60%	> 60%	7%
	人均居住面积/平方米	< 30	30～50	> 50	6%
	百户汽车保有量/辆	< 20	20～50	> 50	7%

续表

指标类别	指标体系	后发展阶段		先发展地区	指标权重
		后发展地区	中等发展地区		
资源环境指标	人均能源消费/吨标准煤	<2	2~5	>5	19%
	人均碳排放/吨二氧化碳	<3	3~7	>7	15%

注：三次产业结构指第一产业、第二产业、第三产业的增加值比例，工业结构指规上工业产值占工业总产值的比例，就业结构指农业从业人数占总就业人数的比例

5.3　温州市各县（市、区）"十二五"碳排放指标分解

根据本课题组的《温州市及各县（市、区）2005~2012年碳排放核算报告》，在计算县（市、区）的碳排放量时，该报告采用了两种方法进行核算，分别考虑方法一[不计入县（市、区）间电力调入或调出]和方法二[计入县（市、区）间电力调入或调出]的方案，并进行了比对。参照国家、省级清单的方法，方法二更被建议采用，但方法一核算结果在特定政策设计下仍具有意义。因此本书中将在"十二五"期间碳排放指标分解方案中分别考虑核算方法一和方法二的不同（分别对应于分解方法IA和IB），并进行对比分析。

温州市"十二五"期间碳排放指标分解依据的数据主要为2010年基年数据，除排放量为核算所得，其余都由《温州统计年鉴2011》及温州市发展和改革委员会提供，虽然部分数据还存在区域数据加总和全市数据之和不平衡的问题，但该组数据一定程度上能反映出区域间的相对发展水平。

《温州统计年鉴2011》关于各县（市、区）的数据中龙湾区的GDP和产业结构与《温州统计年鉴2013》有较大差别，经比对可能是经开区数据统计所致，因此在本书中该数据采用《温州统计年鉴2013》，因为在该统计年鉴中，各县（市、区）数据加总与全市数据之和吻合。

从全省比较来看，温州市提出的"十二五"碳强度指标相对于能耗强度下降指标的调整量为4.5个百分点，远高于其他地市的调整幅度。因此，温州碳强度指标分配与能耗指标分配一定程度上将存在差异，与能耗强度目标不同（强调节能和能源效率的改善），能源结构调整将在温州碳强度目标的实现上发挥较大作用。

5.3.1　各县（市、区）"十二五"碳排放指标分解方法 IA

参考温室气体核算方法一，其相关的指标数据如表 5.17 所示。在分解方法 IA 中，其人均能源消费和人均二氧化碳排放数据有一定的相关性，因此在上述第一阶段碳强度目标分解方案指标的选取中，考虑到当前的人均能源消费量只有一种口径（通过单位 GDP 能耗倒推而得到），因此人均二氧化碳排放量的数据更具有参考价值。

表 5.17　温州市碳强度指标分解基础数据 IA（2010 年）

县（市、区）	人均 GDP/元	人均能源消费量/吨标准煤	人均二氧化碳排放量/吨	产业结构
温州市	32022	1.89	4.09	3.2：52.4：44.4
鹿城区	43301	2.25	2.14	0.3：29.2：70.5
龙湾区	31081	3.36	4.31	1.5：68.4：30.1
瓯海区	27580	1.82	1.91	1.9：63.4：34.7
瑞安市	32049	2.12	2.15	3.3：51.9：44.8
乐清市	35631	1.89	15.55	3.3：61.8：34.9
洞头县	39174	3.45	1.83	9.7：37.9：52.4
永嘉县	25949	1.32	1.52	3.8：61.5：34.7
平阳县	26573	1.57	1.62	5.4：50.3：44.3
苍南县	21478	1.61	1.65	8.0：48.3：43.7
文成县	19093	0.94	1.03	11.1：33.6：55.3
泰顺县	17017	0.65	0.78	11.6：36.4：52.0

根据表 5.15 指标和表 5.17 数据，综合评估温州市各县（市、区）低碳发展的责任、潜力及条件可知，如表 5.18 所示，处于高指标区的依次是乐清市、鹿城区、洞头县和龙湾区，2010 年人口总量、经济总量和二氧化碳排放总量分别约为全市水平的 38.59%、49.59% 和 73.99%，也即意味着，这些区域以全市近四成的人口创造了一半的经济产值但其排放接近四分之三；处于基准指标区的依次是瑞安市、瓯海区、永嘉县、平阳县和苍南县，2010 年人口总量、经济总量和二氧化碳排放总量分别约为全市水平的 56.53%、47.67% 和 24.95%，也即意味着，这些区域以全市过半的人口创造了近一半的经济产值但其排放仅为四分之一；处于低指标区的是文成县和泰顺县，2010 年人口总量、经济总量和二氧化碳排放总量分别约为全市水平的 4.88%、2.74% 和 1.06%，也即意味着，这些区域发展相对落后，其人口规模、经济活动和碳排放量都是相对较小的，不对全市指标的完成起决定作用。

因此，无论从发展阶段看还是从排放分布看，高指标区作为先发展地区应比基准指标区和低指标区承担更多的减排责任，相关指标管理的重点也应该落在高指标区和基准指标区。

表 5.18　温州市各县（市、区）综合指标 IA 得分（百分制）　　单位：%

指标区	县（市、区）	责任与能力指标	潜力与趋势指标	环境和条件指标	综合指标
高指标区	乐清市	53	63	138	80
	鹿城区	64	81	26	60
	洞头县	58	85	24	58
	龙湾区	71	54	44	58
基准指标区	温州市	48	58	42	50
	瑞安市	48	58	26	45
	瓯海区	41	64	24	44
	永嘉县	39	63	21	42
	平阳县	40	57	22	41
	苍南县	32	56	22	38
低指标区	文成县	28	22	17	23
	泰顺县	25	24	15	22

1. 各县（市、区）碳强度指标方案 IA-1

[方案 IA-1]：按照不同区域发展阶段的不同，三个区域初步分配的调整量以全市碳强度下降目标（19.5%）为基准，高指标区 0.5%～3.5%、基准指标区 0%、低指标区–4.5%，最终的调整量和分配指标见表 5.19。

在全市"十二五"期间 GDP 年平均增速 10.0%、8.5% 和 8.0% 的情景下，高指标区完成低限值（高指标区 0.5%）时，全市能实现碳强度下降约 19.8%，2015年各县（市、区）碳排放总量分别为 4852.21 万吨、4530.27 万吨和 4426.85 万吨，其数值与上述峰值方案中基本一致。

表 5.19　"十二五"期间温州市各县（市、区）碳强度指标方案 IA-1　　单位：%

指标区	县（市、区）	能耗强度下降指标	碳强度下降指标	调整量
高指标区	乐清市	14.5	20.0～23.0	5.5～8.5
	鹿城区	14.5	20.0～23.0	5.5～8.5
	洞头县	16.0	20.0～23.0	4.0～7.0
	龙湾区	16.5	20.0～23.0	3.5～6.5

续表

指标区	县（市、区）	能耗强度下降指标	碳强度下降指标	调整量
基准指标区	温州市	15.0	19.5	4.5
	瑞安市	15.5	19.5	4.0
	瓯海区	15.5	19.5	4.0
	永嘉县	14.0	19.5	5.5
	平阳县	14.5	19.5	5.0
	苍南县	16.0	19.5	3.5
低指标区	文成县	10.0	15.0	5.0
	泰顺县	5.0	15.0	10.0

该方案的风险在于碳强度下降为相对减排,碳强度高于全市平均值的地区(乐清市,如表 5.20 所示)一般因其排放总量、增量和强度都较大,即使相对于基准指标产生了额外的减排量,但其巨大的增量仍可能抵消其他指标区的努力,这种情况往往发生在该地区经济增速过高的情景下,因此这些地区应适当控制经济增速。

表 5.20　温州市各县（市、区）碳强度目标方案 IA 完成风险

指标区	县（市、区）	2010 年碳强度 /（吨/万元）	GDP 增速与完成全市碳强度指标的关系	需适当控制经济增速的区域
高指标区	乐清市	4.36	−	√
	鹿城区	0.49	+	/
	洞头县	0.47	+	/
	龙湾区	0.90	+	/
基准指标区	温州市	1.28	/	/
	瑞安市	0.67	+	/
	瓯海区	0.69	+	/
	永嘉县	0.59	+	/
	平阳县	0.61	+	/
	苍南县	0.77	+	/
低指标区	文成县	0.54	+	/
	泰顺县	0.46	+	/

注："+"指的是正相关,"−"指的是负相关,"/"指的是无关或不需要调整,"√"指的是需要控制

　　从地区公平性考虑，可由高指标区首先承担风险对冲责任，假设"十二五"期间乐清市的 GDP 年平均增速为 10.0%，其余地区的增速为 8.0% 的极端情况下，如表 5.21 所示，乐清市"十二五"期间二氧化碳排放量增长达到 24.0%，高于高指标区的 13.1% 和基准指标区的 18.3%，但在强执行方案（高指标区 3.5%）下全市仍能实现碳强度下降约 19.1%，其 2015 年各县（市、区）排放总量约为 4539.49 万吨。因此在经济向好的情况下，鼓励高指标区完成强执行方案，以确保全市碳强度指标的完成。

表 5.21　温州市各县（市、区）碳强度指标方案 IA-1 风险验证

指标区	县（市、区）	GDP 年增速/%	碳强度指标/%	二氧化碳排放增长幅度/%	二氧化碳排放量/万吨
高指标区	乐清市	10.0	−23.0	124.0	2682.98
	鹿城区	8.0	−23.0	113.1	313.74
	洞头县	8.0	−23.0	113.1	18.13
	龙湾区	8.0	−23.0	113.1	366.01
基准指标区	温州市	8.3	−19.1	120.8	4539.49
	瑞安市	8.0	−19.5	118.3	363.59
	瓯海区	8.0	−19.5	118.3	225.43
	永嘉县	8.0	−19.5	118.3	142.25
	平阳县	8.0	−19.5	118.3	146.46
	苍南县	8.0	−19.5	118.3	231.03
低指标区	文成县	8.0	−15.0	124.9	27.18
	泰顺县	8.0	−15.0	124.9	22.69

　　方案 IA-1 的缺点在于不仅高指标区相对于能耗强度下降指标调整量过大，低指标区部分区域的调整量也较大，如泰顺县，总共有 8 个地区调整量超过全市平均水平 4.5 个百分点。该调整量要求能源结构有较大幅度的调整，这在后发展地区实施难度更大。同时，高指标区的调整范围和区间（3 个百分点）仍然较大，执行和考核存在难度。该方案的风险来自于乐清市，但其管理相对简单，只要控制好乐清市的经济增速和节能减碳工作，就可以基本完成全市的碳强度指标任务。

2. 各县（市、区）碳强度指标方案 IA-2

[方案 IA-2]：按照不同区域现有能耗强度下降指标的不同，三个区域初步

分配的调整量以各县（市、区）能耗下降目标为基准，分别为高指标区 5.0%～8.5%、基准指标区 4.5%、低指标区 3.5%，最终的调整量和分配指标见表 5.22。

在全市"十二五"期间 GDP 年平均增速 10.0%、8.5%和 8.0%的情景下，高指标区完成低限值（高指标区 5.0%）时，全市能实现碳强度下降约 19.7%，其 2015 年各县（市、区）排放总量分别为 4861.99 万吨、4539.41 万吨和 4435.78 万吨，其数值与上述峰值方案中基本一致。该方案的优势在于与现有能耗下降目标相关联，更利于各县（市、区）接受和理解。

表 5.22　"十二五"期间温州市各县（市、区）碳强度指标方案 IA-2　　　单位：%

指标区	县（市、区）	能耗强度下降指标	碳强度下降指标	调整量
高指标区	乐清市	14.5	19.5～23.0	5.0～8.5
	鹿城区	14.5	19.5～23.0	5.0～8.5
	洞头县	16.0	21.0～24.5	5.0～8.5
	龙湾区	16.5	21.0～25.0	5.0～8.5
基准指标区	温州市	15.0	19.5	4.5
	瑞安市	15.5	20.0	4.5
	瓯海区	15.5	20.0	4.5
	永嘉县	14.0	18.5	4.5
	平阳县	14.5	19.0	4.5
	苍南县	16.0	20.5	4.5
低指标区	文成县	10.0	13.5	3.5
	泰顺县	5.0	8.5	3.5

同样，该方案的风险也在于碳强度高于全市平均值的地区（乐清市，如表 5.20 所示）。从地区公平性考虑，可由高指标区首先承担风险对冲责任，假设"十二五"期间乐清市的 GDP 年平均增速为 10.0%，其余地区的增速为 8.0%的极端情况下，如表 5.23 所示，乐清市"十二五"期间二氧化碳排放量增长达到 24.0%，高于高指标区的 10.2%～13.1%和基准指标区的 16.8%～19.8%，但在强执行方案（高指标区 8.5%）下全市仍能实现碳强度下降约 19.3%，其 2015 年各县（市、区）排放总量约为 4527.99 万吨。因此在经济向好的情况下，鼓励高指标区完成强执行方案，以确保全市碳强度指标的完成。

表 5.23　温州市各县（市、区）碳强度指标方案 IA-2 风险验证

指标区	县（市、区）	GDP 年增速/%	碳强度指标/%	二氧化碳排放增长幅度/%	二氧化碳排放量/万吨
高指标区	乐清市	10.0	−23.0	124.0	2682.98
	鹿城区	8.0	−23.0	113.1	313.74
	洞头县	8.0	−24.5	110.9	17.78
	龙湾区	8.0	−25.0	110.2	356.51
基准指标区	温州市	8.3	−19.3	120.5	4527.99
	瑞安市	8.0	−20.0	117.5	361.33
	瓯海区	8.0	−20.0	117.5	224.03
	永嘉县	8.0	−18.5	119.8	144.02
	平阳县	8.0	−19.0	119.0	147.37
	苍南县	8.0	−20.5	116.8	228.16
低指标区	文成县	8.0	−13.5	127.1	27.65
	泰顺县	8.0	−8.5	134.4	24.42

　　方案 IA-2 并不如方案 IA-1 那样体现各县（市、区）的公平性，但该方案中大调整量集于高指标区，避免了对后发展地区的碳强度下降政策实施难度的增加，体现了效率性和可行性。但是同样的，高指标区的调整范围和区间（3.5 个百分点）仍然较大，执行和考核存在难度。该方案的风险同样来自于乐清市，但其管理相对简单，只要控制好乐清市的经济增速和节能减碳工作，就可以基本完成全市的碳强度指标任务。

5.3.2　各县（市、区）"十二五"碳排放指标分解方法 IB

　　参考温室气体核算方法二，其相关的指标数据如表 5.24 所示。在分解方法 IB 中，其人均能源消费和人均二氧化碳排放数据有一定的相关性，因此在上述第一阶段碳强度目标分解方案指标（表 5.15）的选取中，考虑到当前的人均能源消费量只有一种口径（通过单位 GDP 能耗倒推而得到），因此人均二氧化碳排放量的数据更具有参考价值。

表 5.24　温州市碳强度指标分解基础数据 IB（2010 年）

县（市、区）	人均 GDP/元	人均能源消费量/吨标准煤	人均二氧化碳排放量/吨	产业结构
温州市	32022	1.89	4.09	3.2∶52.4∶44.4

续表

县（市、区）	人均 GDP/元	人均能源消费量/吨标准煤	人均二氧化碳排放量/吨	产业结构
鹿城区	43301	2.25	3.94	0.3：29.2：70.5
龙湾区	31081	3.36	8.27	1.5：68.4：30.1
瓯海区	27580	1.82	4.54	1.9：63.4：34.7
瑞安市	32049	2.12	4.58	3.3：51.9：44.8
乐清市	35631	1.89	3.45	3.3：61.8：34.9
洞头县	39174	3.45	2.93	9.7：37.9：52.4
永嘉县	25949	1.32	3.04	3.8：61.5：34.7
平阳县	26573	1.57	3.34	5.4：50.3：44.3
苍南县	21478	1.61	3.82	8.0：48.3：43.7
文成县	19093	0.94	1.93	11.1：33.6：55.3
泰顺县	17017	0.65	1.32	11.6：36.4：52.0

根据表 5.15 指标和表 5.24 数据，综合评估温州市各县（市、区）低碳发展的责任、潜力及条件可知，如表 5.25 所示，处于高指标区的依次是龙湾区、鹿城区和洞头县，2010 年人口总量、经济总量和二氧化碳排放总量分别约为全市水平的23.35%、32.64%和30.74%，按照该核算方式经济产值和碳排放比重大致相当；处于基准指标区的依次是乐清市、瑞安市、瓯海区、永嘉县、平阳县和苍南县，2010年人口总量、经济总量和二氧化碳排放总量分别约为全市水平的71.77%、64.61%和 67.35%，按照该核算方式经济产值和碳排放比重大致相当；处于低指标区的是文成县和泰顺县，2010 年人口总量、经济总量和二氧化碳排放总量分别约为全市水平的 4.88%、2.74%和 1.91%，也即意味着，这些区域发展相对落后，其人口规模、经济活动和碳排放量都是相对较小的，不对全市指标的完成起决定作用。因此，无论从发展阶段看还是从排放分布看，高指标区作为先发展地区应比基准指标区和低指标区承担更多的减排责任，相关指标管理的重点也应该落在高指标区和基准指标区。

表 5.25   温州市各县（市、区）综合指标 IB 得分（百分制）   单位：%

指标区	县（市、区）	责任与能力指标	潜力与趋势指标	环境和条件指标	综合指标
高指标区	龙湾区	71	54	77	67
	鹿城区	64	81	41	64
	洞头县	58	85	33	61

续表

指标区	县(市、区)	责任与能力指标	潜力与趋势指标	环境和条件指标	综合指标
基准 指标区	乐清市	53	63	37	52
	瑞安市	48	58	46	51
	瓯海区	41	64	46	51
	温州市	48	58	42	50
	永嘉县	39	63	34	46
	平阳县	40	57%	36	45
	苍南县	32	56	40	43
低指标区	文成县	28	22	24	25
	泰顺县	25	24	19	23

1. 各县（市、区）碳强度指标方案 IB-1

[方案 IB-1]：按照不同区域发展阶段的不同，三个区域初步分配的调整量以全市碳强度下降目标（19.5%）为基准，高指标区 0.5%～2.0%、基准指标区 0%、低指标区–4.5%，最终的调整量和分配指标见表 5.26。

在全市"十二五"期间 GDP 年平均增速 10.0%、8.5% 和 8.0% 的情景下，高指标区完成低限值（高指标区 0.5%）时，全市能实现碳强度下降约 19.6%，其 2015年各县（市、区）碳排放总量分别为 4874.94 万吨、4551.50 万吨和 4447.59 万吨，其数值与上述峰值方案中基本一致。

表 5.26　"十二五"期间温州市各县（市、区）碳强度指标方案 IB-1　　单位：%

指标区	县（市、区）	能耗强度下降指标	碳强度下降指标	调整量
高指标区	龙湾区	16.5	20.0～21.5	3.5～5.0
	鹿城区	14.5	20.0～21.5	5.5～7.0
	洞头县	16.0	20.0～21.5	4.0～5.5
基准指标区	乐清市	14.5	19.5	5.0
	瑞安市	15.5	19.5	4.0
	瓯海区	15.5	19.5	4.0
	温州市	15.0	19.5	4.5
	永嘉县	14.0	19.5	5.5
	平阳县	14.5	19.5	5.0
	苍南县	16.0	19.5	3.5

续表

指标区	县（市、区）	能耗强度下降指标	碳强度下降指标	调整量
低指标区	文成县	10.0	15.0	5.0
	泰顺县	5.0	15.0	10.0

　　该方案的风险在于碳强度下降为相对减排,碳强度高于全市平均值的地区(龙湾区、瑞安市、瓯海区和苍南县,如表5.27所示)一般因其排放总量、增量和强度都较大,即使相对于基准指标产生了额外的减排量,但其巨大的增量仍可能抵消其他指标区的努力,这种情况往往发生在该地区经济增速过高的情景下,因此这些地区应适当控制经济增速。

表 5.27　温州市各县（市、区）碳强度目标方案 IB 完成风险

指标区	县（市、区）	2010 年碳强度 /（吨/万元）	GDP 增速与完成全市 二氧化碳强度指标的关系	需适当控制 经济增速的区域
高指标区	龙湾区	1.72	－	√
	鹿城区	0.91	＋	/
	洞头县	0.75	＋	/
基准指标区	乐清市	0.97	＋	/
	瑞安市	1.43	－	√
	瓯海区	1.65	－	√
	温州市	1.28	/	/
	永嘉县	1.17	＋	/
	平阳县	1.26	＋	/
	苍南县	1.78	－	√
低指标区	文成县	1.01	＋	/
	泰顺县	0.78	＋	/

　　注：“＋”指的是正相关，“－”指的是负相关，“/”指的是无关或不需要调整，“√”指的是需要控制

　　从地区公平性考虑,可由高指标区首先承担风险对冲责任,假设“十二五”期间龙湾区、瑞安市、瓯海区和苍南县的 GDP 年平均增速为 10.0%,其余地区的增速为 8.0% 的极端情况下,如表 5.28 所示,龙湾区、瑞安市、瓯海区和苍南县“十二五”二氧化碳排放量增长达到 26.4%、29.6%、29.6% 和 29.6%,高于高指标区的 15.3%、基准指标区的 18.3% 和低指标区的 24.9%,但在强执行方案(高指标区2.0%)下全市仍能实现碳强度下降约 19.2%,其 2015 年各县(市、区)排放总量

约为 4668.17 万吨。因此在经济向好的情况下，鼓励高指标区完成强执行方案，以确保全市碳强度指标的完成。

表 5.28　温州市各县（市、区）碳强度指标方案 IB-1 风险验证

指标区	县（市、区）	GDP 年增速/%	碳强度指标/%	二氧化碳排放增长幅度/%	二氧化碳排放量/万吨
高指标区	龙湾区	10.0	−21.5	126.4	785.19
	鹿城区	8.0	−21.5	115.3	588.34
	洞头县	8.0	−21.5	115.3	29.64
基准指标区	乐清市	8.0	−19.5	118.3	568.49
	瑞安市	10.0	−19.5	129.6	846.66
	瓯海区	10.0	−19.5	129.6	587.96
	温州市	8.9	−19.2	124.0	4668.17
	永嘉县	8.0	−19.5	118.3	284.05
	平阳县	8.0	−19.5	118.3	300.80
	苍南县	10.0	−19.5	129.6	587.36
低指标区	文成县	8.0	−15.0	124.9	51.09
	泰顺县	8.0	−15.0	124.9	38.60

　　方案 IB-1 的缺点同样在于不仅高指标区相对于能耗强度下降指标调整量过大，低指标区部分区域的调整量也较大，如泰顺县，总共有 8 个地区调整量超过全市平均水平 4.5 个百分点。该调整量要求能源结构有较大幅度的调整，这在后发展地区实施难度更大。该方案的风险来自于龙湾区、瑞安市、瓯海区和苍南县，只要控制好这 4 个地区的经济增速和节能减碳工作，就可以基本完成全市的碳强度指标任务。该方案相对于 IA-1 而言，其高指标区的调整范围和区间（仅为 1.5 个百分点）较小，较易执行和考核。

2. 各县（市、区）碳强度指标方案 IB-2

　　[方案 IB-2]：按照不同区域现有能耗强度下降指标的不同，三个区域初步分配的调整量以各县（市、区）能耗下降目标为基准，分别为高指标区 5.0%、基准指标区 4.5%、低指标区 3.5%，最终的调整量和分配指标见表 5.29。

　　在全市"十二五"GDP 年平均增速 10.0%、8.5% 和 8.0% 的情景下，全市能实现碳强度下降约 19.8%，其 2015 年各县（市、区）排放总量分别为 4861.43 万吨、4538.89 万吨和 4435.26 万吨，其数值与上述峰值方案中基本一致。该方案的优势在于与现有能耗下降目标相关联，更利于各县（市、区）接受和理解。

表 5.29 "十二五"期间温州市各县（市、区）碳强度指标方案 IB-2   单位：%

指标区	县（市、区）	能耗强度下降指标	碳强度下降指标	调整量
高指标区	龙湾区	16.5	21.5	5.0
	鹿城区	14.5	19.5	5.0
	洞头县	16.0	21.0	5.0
基准指标区	乐清市	14.5	19.0	4.5
	瑞安市	15.5	20.0	4.5
	瓯海区	15.5	20.0	4.5
	温州市	15.0	19.5	4.5
	永嘉县	14.0	18.5	4.5
	平阳县	14.5	19.0	4.5
	苍南县	16.0	20.5	4.5
低指标区	文成县	10.0	13.5	3.5
	泰顺县	5.0	8.5	3.5

同样，该方案的风险也在于碳强度高于全市平均值的地区（龙湾区、瑞安市、瓯海区和苍南县，如表 5.27 所示）。从地区公平性考虑，可由高指标区首先承担风险对冲责任，假设"十二五"期间龙湾区、瑞安市、瓯海区和苍南县的 GDP 年平均增速为 10%，其余地区的增速为 8.0%的极端情况下，如表 5.30 所示，龙湾区、瑞安市、瓯海区和苍南县"十二五"二氧化碳排放量增长达到 26.4%、28.8%、28.8%和 28.0%，高于高指标区的 10.9%～18.3%和基准指标区的 19.0%～19.8%，但全市仍能实现碳强度下降约 19.0%，其 2015 年各县（市、区）排放总量约为4679.93 万吨。

表 5.30 温州市各县（市、区）碳强度指标方案 IB-2 风险验证

指标区	县（市、区）	GDP 年增速/%	碳强度指标/%	二氧化碳排放增长幅度/%	二氧化碳排放量/万吨
高指标区	龙湾区	10.0	−21.5	126.4	785.19
	鹿城区	8.0	−19.5	118.3	603.33
	洞头县	8.0	−24.5	110.9	17.78
基准指标区	乐清市	8.0	−19.0	119.0	572.02
	瑞安市	10.0	−20.0	128.8	841.41

续表

指标区	县（市、区）	GDP 年增速/%	碳强度指标/%	二氧化碳排放增长幅度/%	二氧化碳排放量/万吨
	瓯海区	10.0	20.0	128.8	584.31
	温州市	8.9	−19.0	124.4	4679.93
基准指标区	永嘉县	8.0	−18.5	119.8	287.58
	平阳县	8.0	−19.0	119.0	302.67
	苍南县	10.0	−20.5	128.0	580.06
低指标区	文成县	8.0	−13.5	127.1	51.99
	泰顺县	8.0	−8.5	134.4	41.55

　　方案 IB-2 并不如方案 IB-1 那样体现各县（市、区）的公平性，但该方案中大调整量集于高指标区，避免了对后发展地区的碳强度下降政策实施难度的增加，体现了效率性和可行性。该方案的风险同样来自于龙湾区、瑞安市、瓯海区和苍南县，只要控制好这 4 个地区的经济增速和节能减碳工作，就可以基本完成全市的碳强度指标任务。同时，该方案相对于 IA-1、IA-2、IB-1 而言，高指标区不存在调整区间，其执行和考核都相对较为容易。

5.3.3　"十二五"碳排放指标方案比较与建议

　　上述"十二五"期间各县（市、区）碳排放指标方案各有利弊，如果要进行比较，那么仍然依据分解方法中的分解原则进行评述，如表 5.31 所示，作为温州市指标方案最终决策的参考。

表 5.31　各县（市、区）"十二五"碳强度指标方案比较

方案	效率性	公平性	透明性	可行性	一致性
IA-1	☆☆	☆☆☆☆	☆☆☆☆☆	☆☆	☆☆☆
IA-2	☆☆☆	☆☆☆	☆☆☆☆☆	☆☆	☆☆☆☆☆
IB-1	☆☆☆	☆☆☆☆	☆☆☆☆☆	☆☆☆☆	☆☆☆
IB-2	☆☆☆☆☆	☆☆☆	☆☆☆☆☆	☆☆☆☆☆	☆☆☆☆☆

　　从透明性来说，四个方案分解方法和支撑数据都相对透明、可重复性高，便于各县（市、区）与市主管部门协商决策以及社会监督；从一致性来说，IA-2 和 IB-2 都是基于单位 GDP 能耗下降目标确立的，与国家、浙江省的方案基本相同，便于统计和考核，一致性相对较高；从公平性来说，四个方案都充分考虑了各县

（市、区）所处的社会经济发展阶段、历史责任与当前能力、减排潜力与排放趋势等，其中 IA-1 和 IB-1 更好地体现了公平性；从效率性来说，四个方案都能与其他社会经济发展目标协调，充分保证温州市既定规划目标的实现，但其中 IA-1 和 IB-1 中大部分区域需承受与现有目标调整差距较大的目标，因此在效率性方面有所欠缺；从可行性来说，四个方案都考虑各县（市、区）完成碳排放指标的途径、能力与条件等，合理有序地分配了指标，但 IA-1 和 IA-2 对高指标的调整范围和区间过大，不易执行和考核，IB-1 也相应存在这样的问题。综合而言，IB-2 的方案更为妥当，公平效率兼具，且简单易操作。

因此，建议温州市各县（市、区）"十二五"碳排放指标分解方案按照 IB-2 执行，以各县（市、区）能耗下降目标为基准，处于高指标区的龙湾区、鹿城区和洞头县分别为 5.0%，处于基准指标区的乐清市、瑞安市、瓯海区、永嘉县、平阳县和苍南县分别为 4.5%，处于低指标区的文成县和泰顺县分别为 3.5%，最终的调整量和分配指标见表 5.32。

表 5.32　"十二五"期间温州市各县（市、区）碳强度指标建议方案　　单位：%

指标区	县（市、区）	节能指标	"十二五"总指标	调整量	2014 年度目标	2014 年累计目标
高指标区	龙湾区	−16.5	−21.5	5.0	−4.7	−17.6
	鹿城区	−14.5	−19.5	5.0	−4.2	−15.9
	洞头县	−16.0	−21.0	5.0	−4.6	−17.2
基准指标区	乐清市	−14.5	−19.0	4.5	−4.1	−15.5
	瑞安市	−15.5	−20.0	4.5	−4.4	−16.3
	瓯海区	−15.5	−20.0	4.5	−4.4	−16.3
	温州市	−15.0	−19.5	4.5	−4.2	−15.9
	永嘉县	−14.0	−18.	4.5	−4.0	−15.1
	平阳县	−14.5	−19.0%	4.5	−4.1	−15.5
	苍南县	−16.0	−20.5	4.5	−4.5	−16.8
低指标区	文成县	−10.0	−13.5	3.5	−2.9	−11.0
	泰顺县	−5.0	−8.5	3.5	−1.8	−6.9

5.4　温州市各县（市、区）"十三五"碳排放指标分解

考虑到在分解方法的设计中，第二阶段（即"十三五"阶段）由于时间尺度

更长、双控目标更复杂，因此采取了更为全面的指标体系，为了更好地进行对比，第一阶段的分解指标体系仍将作为参照（第一、二阶段分别对应于分解方法 IB 和 IIB），以比较各自优劣。

温州市"十三五"时期碳排放指标分解依据的数据主要为 2012 年基年数据，除排放量为核算所得，其余都由《温州统计年鉴 2013》及温州市发展和改革委员会提供，虽然部分数据还存在区域数据加总和全市数据之和不平衡的问题，但该组数据一定程度上能反映出区域间的相对发展水平。需要做出说明的是，一般下一个五年计划的基年选择上一期末作为基年，如"十二五"指标以 2010 年为基年，但考虑到当前 2015 年的数据不可得，且在国际、国家、省级的分解中也考虑分解任务下达的时间提前，因此也选择特定年份为基年，如 2005 年、2009 年、2012 年等。且后续下达指标时，指标的形式还可以根据具体基数再进行调整。

从目标在时间尺度上的分布来看，温州市当前在《温州市低碳城市试点工作实施方案》（温政发〔2013〕84 号）提出到 2015 年单位 GDP 二氧化碳排放比 2010 年下降 19.5%，到 2020 年实现单位 GDP 二氧化碳排放比 2005 年下降 55%以上，该目标应该说也是前松后紧的。从目前趋势看，国家和省级节能目标的下达力度在"十三五"应该比"十二五"要小一些（即小于 15%）。按照上述情景分析，从目标的选择上，不管省级下达的指标任务是什么，温州市"十三五"应考虑采取单位 GDP 能耗下降 14%，GDP 碳强度下降 28.3%（更高于"十二五"目标），峰值目标控制在 4500 万~5200 万吨（比较恰当的是 4700 万吨），这样才能保证 55%下降幅度的实现。而"十三五"的分解方案也将不再更多依赖节能目标的分解基础，因此本书选取了 2005 年、2010 年、2012 年和 2015 年（预测数）四个尺度的排放作为比较，如表 5.33 所示。

表 5.33　温州市至 2020 年碳强度下降目标（相对于不同基年）　　　　单位：%

年份	相对于 2005 年	相对于 2010 年	相对于 2012 年	相对于 2015 年
2010	−22.02	—		
2012	−28.28	−8.03	—	
2015	−37.22	−19.50	−12.47	—
2020	−55.00	−42.30	−37.26	−28.32

5.4.1　各县（市、区）"十三五"碳排放指标分解方法 IB

参考温室气体核算方法二，其相关的指标数据如表 5.34 所示。在分解方法 IB

中，其人均能源消费和人均二氧化碳排放数据有一定的相关性，因此在上述第一阶段碳强度目标分解方案指标（表 5.15）的选取中，考虑到当前的人均能源消费量只有一种口径（通过单位 GDP 能耗倒推而得到），因此人均二氧化碳排放量的数据更具有参考价值。

表 5.34   温州市碳强度指标分解基础数据 IB（2012 年）

县（市、区）	人均 GDP/元	人均能源消费量/吨标准煤	人均二氧化碳排放量/吨	产业结构
温州市	37325	1.96	4.39	3.1：50.5：46.4
鹿城区	48391	2.28	4.03	0.2：28.7：71.1
龙湾区	55604	5.04	8.40	0.9：69.0：30.1
瓯海区	31677	1.80	3.80	1.7：58.9：39.4
瑞安市	37238	2.11	4.67	3.4：49.4：47.2
乐清市	41333	1.89	3.80	3.3：58.2：38.5
洞头县	46952	3.51	3.11	8.6：42.3：49.1
永嘉县	31185	1.42	3.15	3.8：61.1：35.1
平阳县	31613	1.63	3.52	5.2：49.5：45.3
苍南县	25863	1.64	4.09	8.0：47.3：44.7
文成县	22683	0.96	2.15	11.1：35.5：53.4
泰顺县	20306	0.73	1.52	10.7：37.4：51.9

根据表 5.15 指标和表 5.34 数据，综合评估温州市各县（市、区）低碳发展的责任、潜力及条件可知，如表 5.35 所示，处于高指标区的依次是龙湾区、鹿城区和洞头县，2012 年人口总量、经济总量和二氧化碳排放总量分别约为全市水平的 23.35%、31.92% 和 30.73%，按照该核算方式经济产值和碳排放比重大致相当；处于基准指标区的依次是乐清市、瑞安市、瓯海区、永嘉县、平阳县和苍南县，2012 年人口总量、经济总量和二氧化碳排放总量分别约为全市水平的 71.76%、65.18% 和 67.16%，按照该核算方式经济产值和碳排放比重大致相当；处于低指标区的是文成县和泰顺县，2012 年人口总量、经济总量和二氧化碳排放总量分别约为全市水平的 4.88%、2.91% 和 2.11%，也即意味着，这些区域发展相对落后，其人口规模、经济活动和碳排放量都是相对较小的，不对全市指标的完成起决定作用。因此，无论从发展阶段看还是从排放分布看，高指标区作为先发展地区应比基准指标区和低指标区承担更多的减排责任，相关指标管理的重点也应该落在高指标区和基准指标区。

表 5.35　温州市各县（市、区）综合指标 IB 得分（百分制）　　单位：%

指标区	县(市、区)	责任与能力指标	潜力与趋势指标	环境和条件指标	综合指标
高指标区	龙湾区	83	66	78	76
	鹿城区	72	80	42	67
	洞头县	70	87	34	66
基准指标区	乐清市	62	61	40	55
	瑞安市	55	57	47	54
	温州市	56	57	45	53
	瓯海区	47	61	40	50
	永嘉县	46	62	35	49
	平阳县	47	57	38	48
	苍南县	38	56	42	46
低指标区	文成县	34	24	26	28
	泰顺县	30	25	21	26

5.4.2　各县（市、区）"十三五"碳排放指标分解方法 IIB

参考温室气体核算方法二，其相关的指标数据如表 5.36～表 5.38 所示。在分解方法 IIB 中，采用了更为翔实的指标来标定各县（市、区）的经济发展状况、工业化和城镇化水平以及资源环境条件，从而更为客观、全面、公允地考虑了较长时间尺度的可能性。

表 5.36　温州市经济、资源和环境数据 IIB（2012 年）

县（市、区）	人均 GDP/元	人均能源消费量/吨标准煤	人均二氧化碳排放量/吨
温州市	37325	1.96	4.39
鹿城区	48391	2.28	4.03
龙湾区	55604	5.04	8.40
瓯海区	31677	1.80	3.80
瑞安市	37238	2.11	4.67
乐清市	41333	1.89	3.80
洞头县	46952	3.51	3.11
永嘉县	31185	1.42	3.15

续表

县（市、区）	人均 GDP/元	人均能源消费量/吨标准煤	人均二氧化碳排放量/吨
平阳县	31613	1.63	3.52
苍南县	25863	1.64	4.09
文成县	22683	0.96	2.15
泰顺县	20306	0.73	1.52

表 5.37　温州市工业化数据 IIB（2012 年）

县（市、区）	产业结构	规上工业增加值占全行业工业增加值比重/%	农业从业人员占比/%
温州市	3.1：50.5：46.4	62.1	17.9
鹿城区	0.2：28.7：71.1	86.7	3.3
龙湾区	0.9：69.0：30.1	69.8	6.8
瓯海区	1.7：58.9：39.4	52.7	14.3
瑞安市	3.4：49.4：47.2	63.8	19.4
乐清市	3.3：58.2：38.5	74.0	17.9
洞头县	8.6：42.3：49.1	85.8	18.0
永嘉县	3.8：61.1：35.1	70.0	20.2
平阳县	5.2：49.5：45.3	43.9	20.9
苍南县	8.0：47.3：44.7	35.0	19.2
文成县	11.1：35.5：53.4	63.8	25.3
泰顺县	10.7：37.4：51.9	52.6	30.7

表 5.38　温州市城镇化数据 IIB（2012 年）

县（市、区）	城镇化率/%	百户居民汽车保有量/辆	城市人均住房建筑面积/平方米
温州市	66.0	39	41.25
鹿城区	89.0	40	32.06
龙湾区	54.3	60	49.33
瓯海区	53.9	63	30.62
瑞安市	52.2	39	33.50
乐清市	52.1	36	47.54
洞头县	49.7	4	46.53
永嘉县	52.9	33	46.78

续表

县（市、区）	城镇化率/%	百户居民汽车保有量/辆	城市人均住房建筑面积/平方米
平阳县	51.7	12	53.96
苍南县	52.3	27	52.72
文成县	52.2	12	49.71
泰顺县	52.7	29	49.78

　　根据表 5.16 指标和表 5.36～表 5.38 数据，综合评估温州市各县（市、区）低碳发展的责任、潜力及条件可知，如表 5.39 所示，处于高指标区的依次是龙湾区、鹿城区和洞头县，2012 年人口总量、经济总量和二氧化碳排放总量分别约为全市水平的 23.35%、31.92%和 30.73%，按照该核算方式经济产值和碳排放比重大致相当；处于基准指标区的依次是乐清市、瑞安市、瓯海区、永嘉县、平阳县和苍南县，2012 年人口总量、经济总量和二氧化碳排放总量分别约为全市水平的 71.76%、65.18%和 67.16%，按照该核算方式经济产值和碳排放比重大致相当；处于低指标区的是文成县和泰顺县，2012 年人口总量、经济总量和二氧化碳排放总量分别约为全市水平的 4.88%、2.91%和 2.11%，也即意味着，这些区域发展相对落后，其人口规模、经济活动和碳排放量都是相对较小的，不对全市指标的完成起决定作用。因此，无论从发展阶段看还是从排放分布看，高指标区作为先发展地区应比基准指标区和低指标区承担更多的减排责任，相关指标管理的重点也应该落在高指标区和基准指标区。

表 5.39　温州市各县（市、区）综合指标 IIB 得分（百分制）　　　　单位：%

指标区	县（市、区）	经济总体指标	工业化指标	城市化指标	资源环境指标	综合指标
高指标区	龙湾区	83	70	61	72	72
	鹿城区	72	87	65	39	63
	洞头县	70	82	35	43	57
基准指标区	乐清市	62	64	50	36	51
	温州市	56	57	56	38	50
	瑞安市	55	57	44	40	48
	瓯海区	47	56	53	35	46
	永嘉县	46	62	48	30	45%
	平阳县	47	47	43	33	41
	苍南县	38	43	49	35	40

续表

指标区	县（市、区）	经济总体指标	工业化指标	城市化指标	资源环境指标	综合指标
低指标区	文成县	34	37	41	24	33
	泰顺县	30	30	48	20	30

从 IB 和 IIB 的综合得分可知，第一阶段的简化指标和第二阶段的充分指标并没有太大的差异，11 个县（市、区）在高指标区、基准指标区和低指标区的分布及排序基本一致，因此这两种分解方法可以合而为一。因为这一阶段的指标分配以碳强度和总量"双控"目标为主，并不涉及节能目标的分配，因此不再增设其他方案。

[方案 IB/IIB]：假设"十二五"期间以 IB-2 方案完成，"十三五"期间按照不同区域发展阶段的不同，三个区域初步分配的调整量以全市碳强度下降目标（28.5%）为基准，高指标区 0.5%、基准指标区 0%、低指标区–8.5%，最终的调整量和分配指标见表 5.40。

表 5.40　"十三五"温州市各县（市、区）碳强度指标方案 IB/IIB　单位：%

指标区	县（市、区）	相对于 2010 年	相对于 2012 年	相对于 2015 年
高指标区	龙湾区	–44.3	–34.6	–29.0
	鹿城区	–42.8	–33.0	–29.0
	洞头县	–43.9	–32.4	–29.0
基准指标区	乐清市	–42.1	–36.6	–28.5
	温州市	–42.8	–31.0	–28.5
	瑞安市	–42.8	–31.6	–28.5
	瓯海区	–42.4	–15.7	–28.5
	永嘉县	–41.7	–28.7	–28.5
	平阳县	–42.1	–29.8	–28.5
	苍南县	–43.2	–32.3	–28.5
低指标区	文成县	–30.8	–19.5	–20.0
	泰顺县	–26.8	–16.8	–20.0

在全市高增长（即"十二五"平均增速 10.0%、"十三五"平均增速 8.0%）、新常态（即"十二五"平均增速 8.5%、"十三五"平均增速 7.5%）、低增长（即"十二五"平均增速 8.0%、"十三五"平均增速 7.0%）的情景下，高指标区完成

低限值（高指标区 0.5%）时，全市能实现碳强度下降约 28.5%，其 2020 年各县（市、区）排放总量分别为 5109.21 万吨、4660.82 万吨和 4449.48 万吨，其数值与上述峰值方案中基本一致。甚至在低增长情景下，高指标区的龙湾区、鹿城区、洞头县 2020 年的排放相对于 2015 年开始下降。

该方案的风险仍在于碳强度下降为相对减排，碳强度高于全市平均值的地区（龙湾区、瑞安市、瓯海区和苍南县，如表 5.41 所示）一般因其排放总量、增量和强度都较大，即使相对于基准指标产生了额外的减排量，但其巨大的增量仍可能抵消其他指标区的努力，这种情况往往发生在该地区经济增速过高的情景下，因此这些地区应适当控制经济增速，并同时辅以排放总量控制，以确保温州市在 2019 年基本达到峰值。

表 5.41   温州市各县（市、区）碳强度目标方案 IB/IIB 完成风险

指标区	县（市、区）	2010 年碳强度 /（吨/万元）	GDP 增速与完成全市碳强度指标的关系	需适当控制经济增速的区域
高指标区	龙湾区	1.47	–	√
	鹿城区	0.78	+	/
	洞头县	0.62	+	/
基准指标区	乐清市	0.88	+	/
	温州市	1.09	+	/
	瑞安市	1.19	–	√
	瓯海区	1.12	–	√
	永嘉县	0.96	+	/
	平阳县	1.03	+	/
	苍南县	1.49	–	√
低指标区	文成县	0.87	+	/
	泰顺县	0.68	+	/

注："+"指的是正相关，"–"指的是负相关，"/"指的是无关或不需要调整，"√"指的是需要控制

从地区公平性考虑，可由高指标区首先承担风险对冲责任，假设全市"十二五"期间的平均增速为 8.5%，"十三五"期间龙湾区、瑞安市、瓯海区和苍南县的 GDP 年平均增速为 8.0%，其余地区的增速为 7.0% 的极端情况下，如表 5.42 所示，龙湾区、瑞安市、瓯海区和苍南县"十三五"二氧化碳排放量增长达到 4.3%、5.1%、5.1% 和 5.1%，高于高指标区的 – 0.4% 和基准指标区的 0.3%，但全市仍能实现碳强度下降约 28.1%，其 2020 年各县（市、区）排放

总量约为 4677.60 万吨。

表 5.42 温州市各县（市、区）碳强度指标方案 **IB/IIB** 风险验证

指标区	县（市、区）	GDP 年增速/%	碳强度指标/%	二氧化碳排放增长幅度/%	二氧化碳排放量/万吨
高指标区	龙湾区	8.0	−29.0	104.3	764.78
	鹿城区	7.0	−29.0	99.6	614.84
	洞头县	7.0	−29.0	99.6	30.39
基准指标区	乐清市	7.0	−28.5	100.3	587.03
	温州市	7.5	−28.1	103.1	4677.60
	瑞安市	8.0	−28.5	105.1	825.31
	瓯海区	8.0	−28.5	105.1	573.13
	永嘉县	7.0	−28.5	100.3	295.13
	平阳县	7.0	−28.5	100.3	310.62
	苍南县	8.0	−28.5	105.1	568.96
低指标区	文成县	7.0	−20.0	112.2	59.70
	泰顺县	7.0	−20.0	112.2	47.71

根据第一阶段的方法仍然能为第二阶段分配指标，由上述数据可知，由于经济增速下降和较强的碳强度减排目标，温州市在"十三五"期间其碳排放总量增长幅度较小，在该阶段基本实现峰值的可行性较大，峰值的范围如表 5.43 所示。

表 5.43 温州市各县（市、区）碳强度指标方案 **IB/IIB** 峰值范围

指标区	县（市、区）	碳强度指标/%	峰值低值/万吨二氧化碳	峰值中值/万吨二氧化碳	峰值高值/万吨二氧化碳
高指标区	龙湾区	−29.0	716.36	747.24	819.13
	鹿城区	−29.0	603.33	629.34	689.88
	洞头县	−29.0	29.83	31.11	34.10
基准指标区	乐清市	−28.5	573.63	600.88	658.69
	温州市	−28.5	4455.13	4660.82	5109.21
	瑞安市	−28.5	769.81	806.38	883.96
	瓯海区	−28.5	534.59	559.98	613.85
	永嘉县	−28.5	288.39	302.09	331.15
	平阳县	−28.5	303.52	317.94	348.53
	苍南县	−28.5	530.70	555.91	609.39

续表

指标区	县（市、区）	碳强度指标/%	峰值低值/万吨二氧化碳	峰值中值/万吨二氧化碳	峰值高值/万吨二氧化碳
低指标区	文成县	−20.0	58.34	61.11	66.99
	泰顺县	−20.0	46.63	48.84	53.54

5.4.3 "十三五"碳排放指标方案比较与建议

"十三五"碳排放指标方案相对于"十二五"方案既有延续，又有差异。延续在于"十二五"方案中 IB-2 的方法思想和分解指标都被继承，且作为"十三五"方案的假设；差异是在 IB-2 方案出于实施效率和可行性的考虑，更多依赖节能指标分配方案，而按照《国家应对气候变化规划（2014-2020 年）》的要求，"十三五"时期碳强度和总量目标要引领其他领域的相关目标的制定，因此温州市"十三五"时期的碳排放指标的选取是相对独立于节能指标的（也由于节能指标目前还未出台）。

综合考虑峰值情景分析与分解方案 IB/IIB，温州市及各县（市、区）"十三五"期间的碳排放指标方案如表 5.44 所示。建议方案中考虑到适当为峰值留出一定的政策余量，考虑以 5000 万吨作为全市分配标的，各县（市、区）按表 5.42 中峰值中值比例进行分配。这里的总量控制目标是指"十三五"期间各县（市、区）排放总量不能超过其"十二五"时期末（即 2015 年）排放量的比例。

表 5.44 "十三五"期间温州市各县（市、区）碳强度指标建议方案

指标区	县（市、区）	总指标/%	年度指标/%	总量控制目标/%	峰值目标/万吨二氧化碳
高指标区	龙湾区	−29.0	−6.6	109.4	801.6
	开发区	−29.0	−6.6	109.4	
	鹿城区	−29.0	−6.6	109.4	675.1
	洞头县	−29.0	−6.6	109.4	33.4
基准指标区	乐清市	−28.5	−6.5	110.1	644.6
	温州市	−28.5	−6.5	110.2	5000.0
	瑞安市	−28.5	−6.5	110.1	865.1
	瓯海区	−28.5	−6.5	110.1	600.7
	永嘉县	−28.5	−6.5	110.1	324.1
	平阳县	−28.5	−6.5	110.1	341.1
	苍南县	−28.5	−6.5	110.1	596.4

续表

指标区	县（市、区）	总指标/%	年度指标/%	总量控制目标/%	峰值目标/万吨二氧化碳
低指标区	文成县	−20.0	−4.4	123.2	65.6
	泰顺县	−20.0	−4.4	123.2	52.4

同时，如果要对总量目标进行年度控制，那么可供参考的各县（市、区）年度目标如表 5.45 所示。

表 5.45　"十三五"期间温州市各县（市、区）碳排放总量控制建议方案　　单位：%

指标区	县（市、区）	2016 年	2017 年	2018 年	2019 年	2020 年
高指标区	龙湾区	102.3	104.6	106.9	109.3	109.3
	鹿城区	102.3	104.6	106.9	109.3	109.3
	洞头县	102.3	104.6	106.9	109.3	109.3
基准指标区	乐清市	102.4	104.9	107.5	110.1	110.1
	温州市	102.4	105.0	107.5	110.2	110.2
	瑞安市	102.4	104.9	107.5	110.1	110.1
	瓯海区	102.4	104.9	107.5	110.1	110.1
	永嘉县	102.4	104.9	107.5	110.1	110.1
	平阳县	102.4	104.9	107.5	110.1	110.1
	苍南县	102.4	104.9	107.5	110.1	110.1
低指标区	文成县	105.4	111.0	116.9	123.2	123.2
	泰顺县	105.4	111.0	116.9	123.2	123.2

温州市低碳社区、低碳乡镇、低碳工业园区评价指标体系研究

6.1 研 究 现 状

低碳评价体系是对一个地区或特定区域低碳发展程度进行客观评价的手段和工具，评价范围既可以是省、市、县等大的行政区域，也可以是小范围的特定区域，如社区、乡镇、村落及工业园区等。国外的低碳评价体系研究比较成熟，评价体系中不仅包含低碳指标，还从经济、社会、环境、可持续发展等多个层面进行评价，形成了较为完备的认证标准。国内研究以低碳评价指标体系为主，目前研究较多的主要有省域低碳经济评价指标体系、低碳城市评价指标体系、低碳社区评价指标体系等。

6.1.1 国外研究现状

国外关于低碳发展的概念提出较早，研究比较成熟，不仅建立了许多低碳示范区，而且已经形成了比较成熟的认证标准。目前国际上比较著名的低碳示范区有英国的贝丁顿零能耗社区、荷兰的太阳城零排放社区（王玉芳，2010）、瑞典的汉莫比低碳生态示范区（杜受祜，2011）等。关于低碳的评价体系有很多，各体系评价的标准和适用范围都有一定的差别，其中影响较大的有英国 BREEAM Communities 体系（BRE，2009）、美国 LEED-ND 体系（USGBC，2010）、日本 CASBEE-City 体系（IBEC，2007）。

英国建筑物环境评估体系 BREEAM 是第一个公认的绿色建筑评估体系，之后各国开展的相关评估体系构建都借鉴了该体系评估框架(图 6.1)及评估方法(董世永和李孟夏，2014)。BREEAM Communities 即 BREEAM 社区分册，以其翔实的评估内容以及环境、社会、经济可持续发展的原则，在欧洲的实践中收到了

良好的评估效果。

在 BREEAM Communities 体系实践中，瑞典马尔默的 Masthusen 社区、英国曼彻斯特的 Media City 社区、英国谢菲尔德社区评估表现良好。例如，在曼彻斯特的 Media City 社区中，社区发展计划中评估方与开发者协商，将可持续社区与绿色建筑的评估结合起来，除了对社区进行 BREEAM Communities 体系的评估外，社区内新建的建筑都得到了 BREEAM 新建筑评估的等级认证（董世永和李孟夏，2014）。

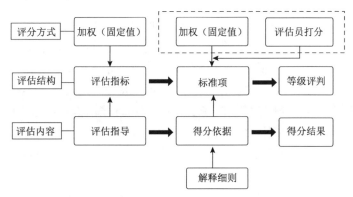

图 6.1　BREEAM Communities 评估体系框架

美国 LEED-ND 体系全称 Leadership in Energy and Environmental Design for Neighborhood Development，是美国绿色建筑委员会、美国新城市主义协会以及保护自然资源委员会在"精明增长"、"新城市主义"和"绿色建筑"原则下，推出的 LEED 绿色社区评估体系（张洁和龙惟定，2014）。作为 LEED 绿色建筑评价标准的最新成员，其主要由精明选址与社区连通性、社区规划与布局、绿色建筑与基础设施、创新设计以及地区特色几部分组成，LEED-ND 对适用范围没有明确的限制，既适用于新建社区，也适用于既有社区，既可以是一个社区，也可以是多个社区，甚至是社区的一部分（罗毅和李子波，2013）。

CASBEE 即建成环境综合性能评估体系，是日本通过十多年的实践，发展而成的多尺度建成环境评估体系（千靓和丁宇新，2012）。2008 年，日本绿色建筑委员会和日本可持续建筑联合会为应对全球气候变化，开发了以低碳城市发展为愿景的建成环境综合性能评估体系 CASBEE-City。CASBEE-City 体系采用二维评价体系，通过环境质量和环境负荷的比值来确定生态效率。体系以城市尺度作为评价范围，并确定了假想的空间边界（图 6.2），分别推算空间内部的环境质量和外部环境负荷，内部环境品质越高，对外部的环境负荷越少，城市的生态效率就越高。CASBEE 是评价最为严密、内容最全面的评价体系，但是其操作也最为复杂，由于认证操作上的局限性，其在实践中的应用率偏低（张洁和龙惟定，2014）。

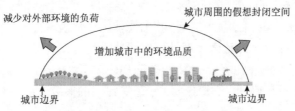

图 6.2　CASBEE-City 评估工具的假想封闭空间

此外，国外还有大量的低碳评价标准和低碳评价实践，如英国学者 Chris Goodall 通过对英国居民家庭中电能、石油、天然气等能源的消耗产生的碳排放量，提出了英国国民生活的低碳标准；日本能源经济研究所采用主要指标法对低碳城市建设水平进行评价，主要评价指标包含单位 GDP 二氧化碳排放量、人均二氧化碳排放量等；美国爱丁堡大学的 Barthelmie 和 Morris 对 Biggar 社区居民生活中的产品生产和分解过程的碳排放量进行了计量分析，建立了评估社区碳排放量大小的"碳足迹"模型，该模型的评价标准包括能源使用、交通和废弃物三个方面（彭文俊，2011）。

6.1.2　国内研究现状

国内关于低碳评价的研究起步较晚，但随着我国的温室气体减排压力越来越大，以及国家低碳城市、低碳社区、低碳工业园区试点工作的推进，近几年关于低碳评价的研究呈现爆发式的增长。在评价的范围上，不仅有尺度较大的省域和城市低碳评价研究，社区、乡镇、工业园区等较小尺度区域的低碳评价体系研究也越来越多地受到专家和学者的关注。但是，国内的低碳评价研究目前仍处于起步和摸索阶段，尚未形成一套获得普遍认可的低碳评价体系。

齐敏（2011）采用定性研究和定量研究相结合的方法，在对我国低碳经济的概况进行分析的基础上，构建了中国低碳经济评价指标体系，并运用主成分分析法和层次分析法对我国 30 个省（区、市）的低碳经济发展状况进行了实证分析。陈平和余志高（2011）从宏观视角构建了包括社会消费系统、产业能源系统、生态环境系统以及支撑系统的综合评价体系，运用层次分析法对评价体系进行权重划分，并收集了浙江省的相关数据，运用灰色关联度分析法对 2003～2008 年的浙江省低碳社会建设进行评价。张明胜（2011）将 DPSIR 模型引入低碳经济评价中，构建了 DPSIR-AHP 评价指标体系模型，采用层次分析法和熵值法相结合的主、客观综合赋权法对评价指标赋权，对江西省低碳经济发展水平进行了评价和分析。

江正平等（2012）运用层次分析法构建了一套以我国省域为尺度的低碳经济评价体系，并对30个省（区、市）进行了实证分析和类型划分，研究结果表明在评价某区域的低碳经济发展水平时，还需要考虑其经济发展程度。宋春燕和张彦国（2013）构建了以低碳经济、低碳社会、低碳资源与环境为系统的指标体系，并以山东省为例应用模糊层次分析法进行实证分析，评价了山东省2005~2010年低碳经济发展现状。

王玉芳（2010）在大量研究国内学者理论框架的基础上，探索建立了适应我国低碳城市发展的评价体系，该体系以可持续发展思想为核心，由经济发展、低碳发展、社会发展三大系统的14个指标构成，力图全面反映低碳城市发展水平，并对北京市低碳经济发展综合水平进行了评价。朱守先和梁本凡（2012）对现有中国城市低碳发展评价指标体系进行了调整与修改，通过权重赋值，各离散指标有机整合成一体，形成了定量可比的综合评价指标体系，并使用该评价指标体系，对中国110座城市低碳发展水平进行实证研究。

董锴和侯光辉（2013）从低碳建筑、低碳技术和低碳生活三个方面构建了涵盖定量和定性指标的评价指标体系，选用多层次综合评价模型对天津万科假日风景小区进行了实证研究。2013年，可持续发展社区协会（ISC）发布了由国内外专家共同起草的《低碳社区行动指南》，该指南创造性地提出了建设低碳社区的标准，认为低碳社区建设不仅包括硬环境建设，还包括软环境建设，软、硬两方面的低碳建设都有相应的技术手段作为支撑。此外，指南还提供了大量内容翔实的案例，为低碳社区试点建设提供实际操作层面的指导。陈菊芳和聂兵（2014）从规划布局与土地利用率、能源利用、温室气体管理、垃圾管理、园区管理机制和社区生活6个方面构建了低碳社区评价指标体系，并根据低碳社区的评价准则，提出了低碳社区的行动指南和建设方向。刘建兵等（2014）总结和分析了低碳社区评价研究和实践的五种范式，并以社会工作范式为基础，提出一个低碳社区评价的分析框架，通过在北京社区的实地研究和调查，提出了相应的具有可操作性的指标体系。

李小明等（2010）建立了包括建筑、交通、工业、餐饮等的低碳旅游社区评价体系，通过碳汇和碳排放把评估结果分为低碳、碳平衡和非低碳三个等级，并对江苏省丹阳市后巷镇飞达村进行了实证分析。彭文俊（2011）构建了农村社区低碳建设评价指标体系，体系包括绿地碳汇、建筑节能、清洁能源、绿色交通、环境改善五个大类共15个评价指标，并对堰河村社区低碳建设的碳减排量整体水平进行了计算和分析。

刘婵（2012）从开发利用新型能源及可再生能源、合理科学规划工业园区用地结构、促进工业园区产业链的形成、提高绿地碳汇等方面，通过公式计算各类用地的碳排放量，再综合得出工业园区碳排放计量模型，建立工业园区低碳评价指标，并对柳州市阳和工业新区与苏州工业园区的碳排放进行计算，将计算结果进行纵向与横向对比分析，得出阳和工业新区低碳规划实施方法。2012 年，美国可持续发展社区协会联合广东省建筑科学研究院组织国内外专家共同起草了《低碳园区发展指南》，并在国内率先提出了低碳工业园区的指标体系，该指标体系包括能源利用与温室气体管理、循环经济与环境保护、园区管理与保障机制、规划布局与土地利用四类共计 23 个指标，所有指标和技术都基于现有科技水平，适用性广，不需要超前的技术投入，目前在国内多个工业园区进行了示范应用。

概括起来，学者主要运用层次分析模型、DPSIR 模型、排放计量模型等构建了低碳经济的评价指标体系，这些指标体系的评价角度和评价方法差异性较大。指标体系大多从理论角度出发，有些指标对于低碳经济具有重要意义，但数据往往难以获取，指标体系与实际操作之间仍有一定的差距。目前应用最多，体系最为完善的是可持续发展社区协会发布的《低碳园区发展指南》和《低碳社区行动指南》，但是由于中国低碳发展仍处于起步阶段，各地的发展水平差距很大，尤其是低碳试点城市的低碳建设水平远远高于其他非试点城市，评价体系往往顾此失彼，缺乏针对性。

6.2　低碳社区评价指标体系研究

低碳社区是指在社区内将所有人为活动所排放的二氧化碳降到最低，一般应具备以下两个方面基本特点：一是社区规划、设计、建设以绿色低碳为理念，二是社区居民的生产方式、生活方式和价值观念发生较大变化，具有较强的减少二氧化碳排放的社会责任，并以低碳行动来改变自身的行为模式。本书从温州市实际出发，在实地调研的基础上，搜集评价指标，运用层次分析法，构建符合温州市实际情况的、切实可行的低碳社区评价指标体系。

6.2.1　低碳评价指标体系的构建原则

低碳评价指标体系是通过对大量指标的评价或评估，客观又全面地反映出评价对象低碳程度的一套评价体系。这就要求评价指标体系在构建过程中要遵循一定的原则，具体来说，低碳评价指标体系的构建应遵循以下原则：

（1）科学性和可操作性原则。构建指标评价体系的目的在于客观评价和反映低碳经济发展状况，所以所选指标要具有科学性，能够科学地概括低碳经济的基本特征（张明胜，2011）。指标体系中的每个指标都必须具有可操作性，能够及时收集到相应的统计数据，并且这些数据必须具有较高的可靠性。

（2）整体性与层次性原则。整个指标体系能够反映评价目标的各个方面，同时，在确定各方面指标时又必须体现出合理的结构层次，保持每个方面都有"若干个代表性指标"来表示。

（3）定性分析与定量分析相结合原则。评价指标体系应具有可测性和可比性，因此要求指标应有一定的量化比较功能，可以进行纵横比较。对有些难以量化的指标，则通过无量纲化处理，分成若干等级，再将定性指标定量化。

（4）地域性原则。不同地区的低碳发展受到其自然资源和社会经济环境的影响也各不相同。因此，在选取评价指标时应根据研究地区的实际情况，选取最能体现其地域特征的各指标，并在此基础上构建相应的低碳评价指标体系。

6.2.2　低碳社区评价指标体系构建

1. 低碳社区评价指标体系的评价范围

温州市位于浙江省东南部，东濒东海，南与福建省宁德地区的福鼎、柘荣、寿宁三县毗邻，西及西北部与丽水市的缙云、青田、景宁三县相连，北和东北部与台州市的仙居、黄岩、温岭、玉环四县市接壤。总面积11788.34平方千米，总人口917.5万（2016年末）。

由于当前城市和农村的居住环境、配套设施以及建设水平等方面的差距较大，因此低碳社区评价指标体系中所指的社区仅指城市居民委员会辖区，包括辖区内的居民小区、社会单位、配套基础设施等，不包括《国家发展改革委关于开展低碳社区试点工作的通知》中提出的农村村民委员会辖区。

2. 低碳社区评价指标框架

低碳社区是指通过构建气候友好的自然环境、房屋建筑、基础设施、生活方式和管理模式，降低能源资源消耗，实现低碳排放的城乡社区。本书以科学发展观为指导思想，按照绿色低碳、便捷舒适、生态环保、经济合理、运营高效的要求，在已有的生态社区和绿色社区建设经验及评价指标的基础上，从软件建设和硬件建设两个方面，将低碳社区评价指标体系准则层分为社区制度、社区文化、社区生活、基础设施、社区环境、附加指标6个大类，如图6.3所示。

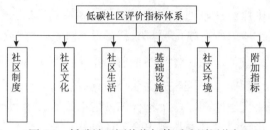

图 6.3　低碳社区评价指标体系准则层指标

3. 指标选取

指标的选取有三种方法：一是理论法，根据相应的理论来确定指标。二是频度法，根据指标在相关文献中出现的频度来确定。三是专家法，让本领域的专家来确定该研究命题所需要的指标。影响低碳发展的因素有很多，有单一的，也有综合的，有静态的，也有动态的，有直接的，也有间接的，各因素之间相互联系、相互影响。为保证低碳评价指标的科学性、全面性和可行性，本书指标的确定综合了以上三种指标选取方法。

在研究了大量文献的基础上，首先选出低碳社区评价指标中出现频率最高的一批指标，然后根据碳减排研究的最新理论，从选出的高频度指标中筛选出 43 个指标，如表 6.1 所示。

表 6.1　低碳社区评价的初始指标

序号	指标	序号	指标
1	低碳社区建设领导小组	12	社区公共娱乐场所完善性
2	社区环境问题处理及信息公开	13	节能环保型路灯普及率
3	社区低碳建设方案或发展规划	14	周边公共交通站点数
4	社区低碳考核制度	15	周边公共自行车借车站点数
5	低碳宣传频率	16	人均居住面积
6	低碳生活指南	17	新建民用建筑节能标准执行率
7	低碳家庭创建或评比	18	既有建筑节能改造率
8	社区低碳知识普及率	19	建筑保温隔热措施（外墙保温砂浆、节能门窗、建筑外遮阳篷等）
9	低碳社区建设满意度	20	太阳能利用面积占社区面积比重
10	低碳社区建设参与度	21	人均用电量
11	社区生活配套完善性	22	能源分类分户计量率

续表

序号	指标	序号	指标
23	人均用水量	34	人均垃圾排放量
24	人均燃气消耗量	35	废弃物回收（是/否）
25	节水器具（设备）普及率	36	垃圾分类（是/否）
26	用水分项计量普及率	37	社区绿化覆盖率
27	节能空调比例	38	人均绿地面积
28	节能冰箱比例	39	噪声环境达标率
29	太阳能热水器使用率	40	非传统水源利用率
30	私家车拥有率	41	推广绿色屋顶
31	小排量汽车（<1.6升）比例	42	节水循环设施
32	社区公共交通出行率	43	分布式光伏发电设施
33	社区绿色出行率		

　　为保证评价指标在实际操作过程中数据采集的可行性，本书对温州市鹿城区松台街道郭公山社区进行了调研。作为温州市首批低碳社区创建单位之一，郭公山社区实施了一系列低碳技术改造和低碳措施，包括社区分布式光伏发电工程、中水回用工程、建设低碳科技馆和低碳家庭创建等。

　　调研方式采用访谈法和问卷法，通过会谈的方式与郭公山社区低碳社区创建工作小组对低碳评价指标的可行性进行了探讨，调研结果如表6.2所示。

表6.2　郭公山社区低碳评价指标可行性调研结果

低碳社区评价指标	指标属性	指标可行性	
		√	×
低碳社区建设领导小组	定性	√	
社区环境问题处理及信息公开	定性	√	
社区低碳建设方案或发展规划	定性	√	
社区低碳考核制度	定性		×
低碳宣传频率	定量	√	
低碳生活指南	定性	√	
低碳家庭创建或评比	定性	√	
社区低碳知识普及率	定量	√	
低碳社区建设满意度	定量	√	

续表

低碳社区评价指标	指标属性	指标可行性	
		√	×
低碳社区建设参与度	定量	√	
社区生活配套完善性	定性	√	
社区公共娱乐场所完善性	定性	√	
节能环保型路灯普及率	定量		×
周边公共交通站点数	定量	√	
周边公共自行车借车站点数	定量	√	
人均居住面积	定量	√	
新建民用建筑节能标准执行率	定量		×
既有建筑节能改造率	定量		×
建筑保温隔热措施（外墙保温砂浆、节能门窗、建筑外遮阳篷等）	定量		×
人均用电量	定量	√	
人均燃气消耗量	定量	√	
太阳能利用面积占社区面积比重	定量		×
能源分类分户计量率	定量		×
人均用水量	定量	√	
节水器具（设备）普及率	定量		×
用水分项计量普及率	定量		×
节能空调比例	定量	√	
节能冰箱比例	定量	√	
太阳能热水器使用率	定量	√	
私家车拥有率	定量	√	
小排量汽车（＜1.6升）比例	定量		×
社区公共交通出行率	定量		×
社区绿色出行率	定量		×
人均垃圾排放量	定量		×
废弃物回收（是/否）	定性	√	

续表

低碳社区评价指标	指标属性	指标可行性	
		√	×
垃圾分类（是/否）	定性	√	
社区绿化覆盖率	定量	√	
人均绿地面积	定量	√	
噪声环境达标率	定量	√	
非传统水源利用率	定量		×
推广绿色屋顶	定性	√	
节水循环设施	定性	√	
分布式光伏发电设施	定性	√	

根据调研结果，筛选出可行性较高的低碳评价指标，共29个指标，并将所有指标按照低碳社区评价体系的准则层进行分类，结果如表6.3所示。

表6.3 低碳社区评价指标可行性筛选结果

目标层	准则层	指标层	指标属性
低碳社区评价指标体系	社区制度	低碳社区建设领导小组	定性
		社区环境问题处理及信息公开	定性
		社区低碳建设方案或发展规划	定性
	社区文化	低碳宣传频率	定量
		社区低碳知识普及率	定量
		低碳社区建设满意度	定量
		低碳社区建设参与度	定量
	社区生活	人均居住面积	定量
		人均用电量	定量
		人均燃气消耗量	定量
		人均用水量	定量
		节能空调比例	定量
		节能冰箱比例	定量
		太阳能热水器使用率	定量
		私家车拥有率	定量

续表

目标层	准则层	指标层	指标属性
低碳社区评价指标体系	基础设施	社区生活配套完善性	定性
		社区公共娱乐场所完善性	定性
		周边公共交通站点数	定量
		周边公共自行车借车站点数	定量
	社区环境	废弃物回收（是/否）	定性
		垃圾分类（是/否）	定性
		社区绿化覆盖率	定量
		人均绿地面积	定量
		噪声环境达标率	定量
	附加指标	低碳生活指南	定性
		低碳家庭创建或评比	定性
		推广绿色屋顶	定性
		节水循环设施	定性
		分布式光伏发电设施	定性

完成指标的可行性筛选后，还需要从科学性、精简性的角度对指标进行进一步的筛选。具体的分析和筛选如下。

（1）社区低碳知识普及率反映的是社区居民对低碳知识的认知度，低碳社区建设满意度反映的是社区居民对低碳社区建设的认可度，低碳社区建设参与度反映的是社区居民对低碳社区建设的积极性，这三个指标存在很高的关联性。三个指标中，低碳社区建设参与度层次最高，既能反映出居民对低碳社区建设的积极性，也能反映出居民对低碳社区建设的认知度和认可度，因此在指标体系中删除社区低碳知识普及率和低碳社区建设满意度两个指标，保留低碳社区建设参与度指标。

（2）节能空调比例、节能冰箱比例这两个指标局部反映社区中空调和冰箱的能耗情况，而空调和冰箱在实际使用中是否低碳不仅与电器是否节能有关，还与电器的使用习惯有关。因此，直接考察社区人均用电量，能更好地反映出社区家用电器的使用是否低碳。

（3）由于城市内建筑绝大部分都是多层或高层建筑，屋顶属于公共建筑，而壁挂式太阳能热水器安装不当会存在安全隐患，因此许多小区明令禁止使用太阳能热水器，故在指标体系中删除太阳能热水器使用率指标。

（4）社区生活配套完善性和社区公共娱乐场所完善性两个指标可以综合成社区生活及休闲配套完善性指标。

（5）噪声环境达标率与低碳社区建设没有直接关系，也没有明显的间接关系，因此在指标体系中删除噪声环境达标率指标。

经过进一步筛选，最终确定的低碳社区评价指标框架如表6.4所示。

表6.4　最终确定的低碳社区评价指标

目标层	准则层	指标层	指标属性
低碳社区评价指标体系	社区制度	低碳社区建设领导小组	定性
		社区环境问题处理及信息公开	定性
		社区低碳建设方案或发展规划	定性
	社区文化	低碳宣传频率	定量
		低碳社区建设参与度	定量
	社区生活	人均居住面积	定量
		人均用电量	定量
		人均燃气消耗量	定量
		人均用水量	定量
		私家车拥有率	定量
	基础设施	社区生活及休闲配套完善性	定性
		周边公共交通站点数	定量
		周边公共自行车借车站点数	定量
	社区环境	废弃物回收（是/否）	定性
		垃圾分类（是/否）	定性
		社区绿化覆盖率	定量
		人均绿地面积	定量
	附加指标	低碳生活指南	定性
		低碳家庭创建或评比	定性
		推广绿色屋顶	定性
		节水循环设施	定性
		分布式光伏发电设施	定性

4. 指标权重确定

低碳社区评价指标体系的指标全部确定后,需要对各个指标的权重进行分配。指标权重的分配一般采用专家打分法,由一定数量的专家分别给定各个指标的权重,然后再将各个专家的结论进行统计和综合,得出最终的指标权重。但是各个专家往往根据自身经验给出各指标的权重,主观性较大。因此,本书采用平均分配方法,将每一级的权重平均地分摊到每个指标上,附加指标不占权重,附加指标中每项指标的得分为 1 分,附加指标得分直接加在总得分上。低碳社区评价指标体系权重分配如表 6.5 所示。

表 6.5　低碳社区评价指标体系权重分配

目标层	准则层	权重	指标层	指标属性	权重
低碳社区评价指标体系	社区制度	0.2	低碳社区建设领导小组	定性	0.34
			社区环境问题处理及信息公开	定性	0.33
			社区低碳建设方案或发展规划	定性	0.33
	社区文化	0.2	低碳宣传频率	定量	0.5
			低碳社区建设参与度	定量	0.5
	基础设施	0.2	社区生活及休闲配套完善性	定性	0.34
			周边公共交通站点数	定量	0.33
			周边公共自行车借车站点数	定量	0.33
	社区生活	0.2	人均居住面积	定量	0.2
			人均用电量	定量	0.2
			人均燃气消耗量	定量	0.2
			人均用水量	定量	0.2
			私家车拥有率	定量	0.2
	社区环境	0.2	废弃物回收(是/否)	定性	0.25
			垃圾分类(是/否)	定性	0.25
			社区绿化覆盖率	定量	0.25
			人均绿地面积	定量	0.25
	附加指标	—	低碳生活指南	定性	—
			低碳家庭创建或评比	定性	—
			推广绿色屋顶	定性	—
			节水循环设施	定性	—
			分布式光伏发电设施	定性	—

6.2.3　低碳社区评价指标分析

指标分为常规指标和附加指标，常规指标总分为 100 分，附加指标共有 5 项，每项 1 分。设社区低碳程度为 K，在已经确定常规指标权重 G_i 的情况下，F_i 为每一个常规指标的得分，H_j 为附加指标的得分，那么社区的低碳水平得分为

$$K = \sum_{i-1}^{n} G_i F_i + \sum_{j-1}^{n} H_j$$

1. 常规指标分析及指标评分标准的确定

常规指标中包括定性指标和定量指标，定性指标是在评分过程中难以量化的指标，因此采用分级评分的办法，将指标分为 A、B、C、D、E 五个等级，每个等级对应的分值为 100、80、60、40、20。对于定量指标，选定合理的目标值或达标值，然后根据已选定的目标值或达标值进行评分。其中，目标值指温州市低碳发展规划等文件中确定的 2015 年达到的目标，目标值对应的分数为 85 分；达标值指 2013 年温州市的平均水平，达标值对应的分数为 60 分。具体的指标分析及指标评分标准如下。

（1）低碳社区建设领导小组：定性指标。根据领导小组的筹建质量和管理水平，将指标分为五个等级。

A. 有低碳社区建设领导小组，有领导小组管理制度或工作方案，并且组织过多次低碳社区相关活动；

B. 有低碳社区建设领导小组，没有领导小组管理制度或工作方案，但组织过低碳社区相关活动；

C. 有低碳社区建设领导小组，有领导小组管理制度或工作方案，但从未组织过低碳社区相关活动；

D. 有低碳社区建设领导小组，但没有有领导小组管理制度或工作方案，且从未组织过任何低碳社区相关活动；

E. 无低碳社区建设领导小组。

（2）社区环境问题处理及信息公开：定性指标。根据社区环境信息公开程度，将指标划分为五个等级。

A. 有固定的环境问题投诉或建议等渠道，及时处理环境问题投诉或建议，并公开社区内环境问题信息；

B. 有固定的环境问题投诉或建议等渠道，及时处理环境问题投诉或建议，但未公开社区内环境问题信息；

C. 有固定的环境问题投诉或建议等渠道，及时公开社区内环境问题信息，但未及时处理环境问题投诉或建议；

D. 有固定的环境问题投诉或建议等渠道，但未及时处理环境问题投诉或建议，也未公开社区内环境问题信息；

E. 没有固定的环境问题投诉或建议等渠道，未及时处理环境问题投诉或建议，也未公开社区内环境问题信息。

（3）社区低碳建设方案或发展规划：定性指标。根据社区低碳建设方案或发展规划的质量和实施情况，将指标分为五个等级。

A. 有低碳社区建设方案或发展规划，有低碳社区创建目标及进度计划，且已经严格执行建设方案或发展规划；

B. 有低碳社区建设方案或发展规划，且已经严格执行建设方案或发展规划，但没有低碳社区创建目标及进度计划；

C. 有低碳社区建设方案或发展规划，有低碳社区创建目标及进度计划，但未有效执行建设方案或发展规划；

D. 有低碳社区建设方案或发展规划，但没有低碳社区创建目标及进度计划，也没有有效执行建设方案或发展规划；

E. 没有低碳社区建设方案或发展规划。

（4）低碳宣传频率：定量指标。低碳宣传频率的目标值设为 12 次/年，则指标的得分 F（F 满分为 100 分，若计算结果超过 100 分则按 100 分计）为

$$F = \frac{低碳宣传频率}{12次/年} \times 85$$

（5）低碳社区建设参与度：定量指标，用累计参与社区低碳活动的人次占社区总人数的比例来衡量低碳社区建设参与度。目标值为 20%，则指标的得分 F（F 满分为 100 分，若计算结果超过 100 分则按 100 分计）为

$$F = \frac{累计参与社区低碳活动的人次占社区总人数的比例}{20\%} \times 85$$

（6）社区生活及休闲配套完善性：定性指标。根据社区周边生活及休闲配套设施完善程度，将指标划分为五个等级。

A. 社区及周边 500 米范围内有商店、银行、卫生服务中心、公共休闲场地，社区及周边 2000 米范围内有学校、公园、医院、超市；

B. 社区及周边 500 米范围内有商店、银行、卫生服务中心、公共休闲场地其中任意 3 项，社区及周边 2000 米范围内有学校、公园、医院、超市其中任意 3 项；

C. 社区及周边 500 米范围内有商店、银行、卫生服务中心、公共休闲场地其中任意 2 项，社区及周边 2000 米范围内有学校、公园、医院、超市其中任意 2 项；

D. 社区及周边 500 米范围内有商店、银行、卫生服务中心、公共休闲场地其中任意 1 项，社区及周边 2000 米范围内有学校、公园、医院、超市其中任意 1 项；

E. 社区及周边 500 米范围内没有商店、银行、卫生服务中心、公共休闲场地其中任意 1 项，社区及周边 2000 米范围内没有学校、公园、医院、超市其中任意 1 项。

（7）周边公共交通站点数：定量指标，指社区百米范围内拥有的公交车站点数。根据温州公交网上数据显示，温州市共有 1641 个公交站点，根据行政区划网上数据显示，温州市区共有 464 个社区，平均每个社区拥有公交车站点数 3.54 个。因为统计值为社区及周边 100 米范围内的公交车站点数，所以此项指标的达标值定为 4 个，则指标的得分 F（F 满分为 100 分，若计算结果超过 100 分则按 100 分计）为

$$F = \frac{社区百米范围内拥有的公交车站点数}{4 个} \times 60$$

（8）周边公共自行车借车站点数：定量指标，指社区百米范围内拥有的公共自行车站点数。根据温州鹿城公共自行车网站上的数据显示，温州市区共有 588 个公共自行车站点。根据行政区划网上数据显示，温州市区共有 464 个社区，即平均每个社区拥有公共自行车站点数 1.27 个。因为统计值为社区及周边 100 米范围内的公共自行车站点数，所以此项指标的达标值定为 2 个，则指标的得分 F（F 满分为 100 分，若计算结果超过 100 分则按 100 分计）为

$$F = \frac{社区百米范围内拥有的公共自行车站点数}{2 个} \times 60$$

（9）人均居住面积：定量指标，《2013 年温州市国民经济和社会发展统计公报》显示 2013 年末城镇居民人均住房建筑面积 41.67 平方米。因此，将人均居住面积的达标值设为 41.67 平方米，则指标的得分 F（F 满分为 100 分，若计算结果超过 100 分则按 100 分计）为

$$F = \frac{41.67 平方米}{社区居民人均居住面积} \times 60$$

（10）人均用电量：定量指标，《2013 年温州市国民经济和社会发展统计公报》显示 2013 年温州市全年居民生活用电量 77.80 亿千瓦时，温州市 2013 年末

常住人口为 919.7 万人，2013 年温州市人均居民生活用电量为 846 千瓦时。因此，人均用电量的达标值设为 846 千瓦时，则指标的得分 F（F 满分为 100 分，若计算结果超过 100 分则按 100 分计）为

$$F = \frac{846千瓦时}{社区居民人均用电量} \times 60$$

（11）人均燃气消耗量：定量指标。2013 年温州市区每月每人平均使用燃气约为 3.73 立方米，因此将人均燃气消耗量的达标值设为 3.73 立方米，则指标的得分 F（F 满分为 100 分，若计算结果超过 100 分则按 100 分计）为

$$F = \frac{3.73立方米}{社区居民人均燃气消耗量} \times 60$$

（12）人均用水量：定量指标。根据《城市居民生活用水标准》（GB/T50331—2002），浙江省的城市居民生活用水量标准为 120~180 升/（人·天），另据《2012 年温州市水资源公报》统计数据显示，2012 年温州市城镇居民生活人均日用水量为 136.49 升/（人·天），因此，将指标的目标值定为 120 升/（人·天），则指标的得分 F（F 满分为 100 分，若计算结果超过 100 分则按 100 分计）为

$$F = \frac{120升/（人·天）}{社区居民人均日用水量} \times 85$$

（13）私家车拥有率：定量指标，《2013 年温州市国民经济和社会发展统计公报》显示 2013 年末每百户城镇居民家用汽车拥有量 41.26 辆。因此，私家车拥有率的达标值设为 41.26 辆/百户，则指标的得分 F（F 满分为 100 分，若计算结果超过 100 分则按 100 分计）为

$$F = \frac{41.26辆/百户}{每百户社区居民私家车拥有量} \times 60$$

（14）废弃物回收：定性指标，明确回收种类。

A. 有废弃物回收设施，对废弃物回收进行了宣传教育，且在实际生活中严格执行废弃物回收；

B. 有废弃物回收设施，并对废弃物回收进行宣传教育，但在实际生活中执行不严格；

C. 有废弃物回收设施，但未对废弃物回收进行宣传教育；

D. 对废弃物回收进行过宣传教育，但无废弃物回收设施；

E. 无废弃物回收设施，也未对废弃物回收进行过宣传教育。

（15）垃圾分类：定性指标。

A. 有垃圾分类设施，对垃圾分类进行了宣传教育，且在实际生活中严格执行垃圾分类；

B. 有垃圾分类设施，并对垃圾分类进行宣传教育，但在实际生活中执行不严格；

C. 有垃圾分类设施，但未对垃圾分类进行宣传教育；

D. 对垃圾分类进行过宣传教育，但无垃圾分类设施；

E. 无垃圾分类设施，也未对垃圾分类进行过宣传教育。

（16）社区绿化覆盖率：定量指标，社区内绿化面积之和占社区总用地面积的比例。根据《温州市低碳城市试点工作实施方案》，2015 年温州市城市建成区绿化覆盖率计划达到 35%，因此，社区绿化覆盖率的目标值设为 35%，则指标的得分 F（F 满分为 100 分，若计算结果超过 100 分则按 100 分计）为

$$F = \frac{社区绿化覆盖率}{35\%} \times 85$$

（17）人均绿地面积：定量指标，社区人均占有绿地面积。根据《温州市发展低碳经济及应对气候变化"十二五"规划》，温州市 2015 年人均占有绿地面积为 13 米²/人。因此，人均占有绿地面积的目标值设为 13 米²/人，则指标的得分 F（F 满分为 100 分，若计算结果超过 100 分则按 100 分计）为

$$F = \frac{社区人均占有绿地面积}{13米^2 / 人} \times 85$$

2. 附加指标解释及指标评分标准说明

附加指标均为引导性指标，目前我国还处于低碳社区建设的初级阶段，这些措施还未在社区中广泛使用，因此难以用这些指标来衡量社区的低碳建设水平。提出附加指标的目的是鼓励和引导社区采纳和实施附加指标所对应的低碳措施，随着低碳社区建设的成熟，这些指标逐渐变成普遍性的低碳措施，则可以将此类指标纳入常规指标中。

附加指标没有权重，若社区实施了某项附加指标对应的低碳措施，则在总分上加 1 分。附加指标中包括以下五个低碳指标。

（1）低碳生活指南：编写了低碳生活指南，并通过分发宣传册或张贴公告的形式向社区居民传播低碳生活知识。

（2）低碳家庭创建或评比：开展了低碳家庭创建或低碳家庭评比活动。

（3）推广绿色屋顶：积极向社区居民宣传绿色屋顶，有明确的推广绿色屋顶的措施。

（4）节水循环设施：社区中有节水循环设施，且运行正常，使用情况良好。

（5）分布式光伏发电设施：社区中有分布式光伏发电设施，且运行正常，使用情况良好。

6.3　低碳乡镇评价指标体系研究

随着农村经济发展，我国农村地区的能源消费总量从 2000 年至 2007 年增加了 32.1%，由生产建设和生活消费引起的碳排放量也在逐年增加。中国是农业大国，积极开展低碳乡镇建设，既是实现节能减排目标的需要，也是改善农村生态环境的需要。目前关于农村低碳化建设的评价方法研究较少，急需建立适应农村生产和生活特点的低碳评价标准和体系，对低碳乡镇的建设进行指导。

6.3.1　低碳乡镇评价指标体系的构建

1. 低碳乡镇评价区域的划分

低碳乡镇评价指标体系评价范围主要为温州市范围内的乡镇，乡镇的划分参考中国行政区划网中定义为乡或镇的区域，低碳乡镇评价指标体系的评价范围不包含建设在乡（镇）中的工业园区。

2. 低碳乡镇评价指标框架

根据低碳乡镇的建设内容和指标选取原则，结合我国现阶段农村低碳建设条件，参照低碳社区评价指标体系框架，将低碳乡镇评价指标体系的准则层分为乡镇制度、乡镇文化、乡镇生活、基础设施、乡镇环境与附加指标 6 个大类，如图 6.4 所示。

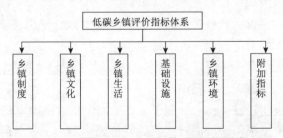

图 6.4　低碳乡镇评价指标体系准则层指标

3. 低碳乡镇评价指标选取

目前，国内外关于低碳乡镇评价方面的研究还比较少，而且乡镇低碳发展的基础也比较薄弱。根据低碳乡镇"资源高效、农民增收、环境友好、食品安全和低碳排放"的内涵，在研究了大量相关文献和农村碳减排理论的基础上，筛选出频度最高的 31 个低碳乡镇评价指标，如表 6.6 所示。

表 6.6　低碳乡镇评价的初始指标

序号	指标	序号	指标
1	低碳乡镇建设领导小组	17	沼气使用户数
2	乡镇环境问题处理及信息公开	18	太阳能利用率
3	乡镇低碳建设方案或发展规划	19	节能灯使用率
4	乡镇低碳宣传频率	20	节能空调使用率
5	低碳家庭创建或评比	21	节能冰箱使用率
6	乡镇低碳生活指南	22	太阳能热水器使用面积
7	低碳乡镇建设参与度	23	私家车拥有率
8	棚户区改造率	24	公共交通站点数
9	有无私搭乱接现象	25	绿色出行率
10	灌溉水利用系数	26	生活垃圾无害化处理率
11	人均建设用地面积	27	规模化畜禽养殖场粪便综合处理利用率
12	墙体保温材料使用率	28	有机肥使用率
13	推广节能门窗使用	29	林地面积比例
14	建筑节能设备数量	30	绿色有机农地面积比例
15	人均用电量	31	建设污水处理厂
16	生活垃圾收集设施行政村覆盖率		

为保证低碳乡镇评价指标在实际操作过程中数据采集的可行性，对温州市永嘉县大若岩镇进行调研。大若岩镇从 2013 年 7 月开始进行低碳镇试点创建工作，实施了发展生态农业、发展低碳生态旅游、开展环境卫生综合整治等低碳措施，并新建了污水处理厂、垃圾中转站、光伏发电和低碳出行绿道等低碳项目。

调研方式采用问卷法，邀请大若岩镇低碳小镇创建工作领导小组对预选的低碳乡镇评价指标的可行性进行调研，调研结果如表 6.7 所示。

表 6.7 低碳乡镇评价指标可行性调研结果

低碳乡镇评价指标	指标属性	指标可行性	
		√	×
低碳乡镇建设领导小组	定性	√	
乡镇环境问题处理及信息公开	定性	√	
乡镇低碳建设方案或发展规划	定性	√	
乡镇低碳宣传频率	定量	√	
低碳家庭创建或评比	定性	√	
乡镇低碳生活指南	定性	√	
低碳乡镇建设参与度	定量	√	
棚户区改造率	定量		×
有无私搭乱接现象	定性	√	
灌溉水利用系数	定量	√	
人均建设用地面积	定量	√	
墙体保温材料使用率	定量		×
推广节能门窗使用	定性	√	
建筑节能设备数量	定量	√	
人均用电量	定量	√	
沼气使用户数	定量	√	
太阳能利用率	定量	√	
节能灯使用率	定量	√	
节能空调使用率	定量		×
节能冰箱使用率	定量		×
太阳能热水器使用面积	定量	√	
私家车拥有率	定量	√	
公共交通站点数	定量		×
绿色出行率	定量		×
生活垃圾收集设施行政村覆盖率	定量	√	
生活垃圾无害化处理率	定量	√	
规模化畜禽养殖场粪便综合处理利用率	定量	√	
有机肥使用率	定量	√	
林地面积比例	定量	√	
绿色有机农地面积比例	定量		×
建设污水处理厂	定性	√	

根据调研结果,筛选出可行性较高的低碳乡镇评价指标,共24个指标,并将指标按低碳乡镇评价指标体系的准则层进行归类,结果如表6.8所示。

表6.8 低碳乡镇评价指标可行性筛选结果

目标层	准则层	指标层	指标属性
低碳乡镇评价指标体系	乡镇制度	低碳乡镇建设领导小组	定性
		乡镇环境问题处理及信息公开	定性
		乡镇低碳建设方案或发展规划	定性
	乡镇文化	乡镇低碳宣传频率	定量
		低碳乡镇建设参与度	定量
	乡镇生活	有无私搭乱接现象	定性
		人均建设用地面积	定量
		建筑节能设备数量	定量
		人均用电量	定量
		沼气使用户数	定量
		太阳能利用率	定量
		节能灯使用率	定量
		太阳能热水器使用面积	定量
		私家车拥有率	定量
	基础设施	灌溉水利用系数	定量
		生活垃圾收集设施行政村覆盖率	定量
	乡镇环境	生活垃圾无害化处理率	定量
		规模化畜禽养殖场粪便综合处理利用率	定量
		有机肥使用率	定量
		林地面积比例	定量
	附加指标	低碳家庭创建或评比	定性
		乡镇低碳生活指南	定性
		推广节能门窗使用	定性
		建设污水处理厂	定性

完成指标的可行性筛选后,还需要从科学性、精简性的角度对指标进行进一步的筛选。具体的指标分析和筛选如下。

(1)有无私搭乱接现象涉及村容村貌和用电安全,与乡镇低碳发展无直接关系,也没有明显的间接关系,因此在指标体系中删除有无私搭乱接现象指标。

（2）建筑节能设备是有效的节能降碳措施，但是建筑节能设备种类繁多，节能降碳效果参差不齐，评价标准难以划分。为保证评价指标的有效性和可靠性，在指标体系中删除建筑节能设备数量指标。

（3）太阳能是低碳的清洁能源，分布式光伏发电系统是国家正在大力推广的节能项目，但是目前太阳能普及率还不高，难以统计到准确的太阳能利用率。因此在附加指标中增加推广分布式光伏发电这一定性指标，来代替乡镇生活中的太阳能利用率指标。

经过筛选，最终确定的低碳乡镇指标框架如表 6.9 所示。

表 6.9　最终确定的低碳乡镇评价指标

目标层	准则层	指标层	指标属性
低碳乡镇评价指标体系	乡镇制度	低碳乡镇建设领导小组	定性
		乡镇环境问题处理及信息公开	定性
		乡镇低碳建设方案或发展规划	定性
	乡镇文化	乡镇低碳宣传频率	定量
		低碳乡镇建设参与度	定量
	乡镇生活	人均用电量	定量
		沼气使用户数	定量
		节能灯使用率	定量
		私家车拥有率	定量
		人均建设用地面积	定量
		太阳能热水器使用面积	定量
	基础设施	灌溉水利用系数	定量
		生活垃圾收集设施行政村覆盖率	定量
	乡镇环境	生活垃圾无害化处理率	定量
		规模化畜禽养殖场粪便综合处理利用率	定量
		有机肥使用率	定量
		林地面积比例	定量
	附加指标	低碳家庭创建或评比	定性
		乡镇低碳生活指南	定性
		推广分布式光伏发电	定性
		推广节能门窗使用	定性
		建设污水处理厂	定性

4. 指标权重确定

采用低碳社区评价指标体系中权重的分配方法，将每一级的权重平均地分摊到每个指标上，附加指标不占权重，附加指标中每项指标的得分为 1 分，附加指标得分直接加在总得分上。低碳乡镇评价指标体系的权重分配如表 6.10 所示。

表 6.10　低碳乡镇评价指标体系权重

目标层	准则层	权重	指标层	指标属性	权重
低碳乡镇评价指标体系	乡镇制度	0.2	低碳乡镇建设领导小组	定性	0.34
			乡镇环境问题处理及信息公开	定性	0.33
			乡镇低碳建设方案或发展规划	定性	0.33
	乡镇文化	0.2	乡镇低碳宣传频率	定量	0.5
			低碳乡镇建设参与度	定量	0.5
	乡镇生活	0.2	人均用电量	定量	0.167
			沼气使用户数	定量	0.167
			节能灯使用率	定量	0.167
			私家车拥有率	定量	0.167
			人均建设用地面积	定量	0.167
			太阳能热水器使用面积	定量	0.165
	基础设施	0.2	灌溉水利用系数	定量	0.5
			生活垃圾收集设施行政村覆盖率	定量	0.5
	乡镇环境	0.2	生活垃圾无害化处理率	定量	0.25
			规模化畜禽养殖场粪便综合处理利用率	定量	0.25
			有机肥使用率	定量	0.25
			林地面积比例	定量	0.25
	附加指标	—	低碳家庭创建或评比	定性	—
			乡镇低碳生活指南	定性	—
			推广分布式光伏发电	定性	—
			推广节能门窗使用	定性	—
			建设污水处理厂	定性	—

6.3.2　低碳乡镇评价指标分析

指标分为常规指标和附加指标，常规指标总分为 100 分，附加指标共有 5 项，每项 1 分。设乡镇低碳程度为 K，在已经确定常规指标权重 G_i 的情况下，F_i 为每

一个常规指标的得分，H_j 为附加指标的得分，则乡镇的低碳水平得分为

$$K = \sum_{i-1}^{n} G_i F_i + \sum_{j-1}^{n} H_j$$

1. 常规指标分析及指标评分标准的确定

（1）低碳乡镇建设领导小组：定性指标。根据领导小组的筹建质量和管理水平，将指标分为五个等级。

A. 有低碳乡镇建设领导小组，有领导小组管理制度或工作方案，并且组织过多次低碳乡镇相关活动；

B. 有低碳乡镇建设领导小组，没有领导小组管理制度或工作方案，但组织过低碳乡镇相关活动；

C. 有低碳乡镇建设领导小组，有领导小组管理制度或工作方案，但从未组织过低碳乡镇相关活动；

D. 有低碳乡镇建设领导小组，但没有领导小组管理制度或工作方案，且从未组织过任何低碳乡镇相关活动；

E. 无低碳乡镇建设领导小组。

（2）乡镇环境问题处理及信息公开：定性指标。根据乡镇问题处理及信息公开程度，将指标分为五个等级。

A. 有固定的环境问题投诉或建议等渠道，及时处理环境问题投诉或建议，并公开乡镇内环境问题信息；

B. 有固定的环境问题投诉或建议等渠道，及时处理环境问题投诉或建议，但未公开乡镇内环境问题信息；

C. 有固定的环境问题投诉或建议等渠道，及时公开乡镇内环境问题信息，但未及时处理环境问题投诉或建议；

D. 有固定的环境问题投诉或建议等渠道，但未及时处理环境问题投诉或建议，也未公开乡镇内环境问题信息；

E. 没有固定的环境问题投诉或建议等渠道，未及时处理环境问题投诉或建议，也未公开乡镇内环境问题信息。

（3）乡镇低碳建设方案或发展规划：定性指标。根据乡镇低碳建设方案或发展规划的质量和实施情况，将指标分为五个等级。

A. 有低碳乡镇建设方案或发展规划，有低碳乡镇创建目标及进度计划，且已经严格执行建设方案或发展规划；

B. 有低碳乡镇建设方案或发展规划，且已经严格执行建设方案或发展规划，

但没有低碳乡镇创建目标及进度计划;

　　C. 有低碳乡镇建设方案或发展规划,有低碳乡镇创建目标及进度计划,但未有效执行建设方案或发展规划;

　　D. 有低碳乡镇建设方案或发展规划,但没有低碳乡镇创建目标及进度计划,也没有有效执行建设方案或发展规划;

　　E. 没有低碳乡镇建设方案或发展规划。

　　(4)乡镇低碳宣传频率:定量指标。低碳宣传频率的目标值设为 12 次/年,则指标的得分 F(F 满分为 100 分,若计算结果超过 100 分则按 100 分计)为

$$F = \frac{低碳宣传频率}{12次/年} \times 85$$

　　(5)低碳乡镇建设参与度:定量指标,用累计参与乡镇低碳活动的人次占乡镇总人数的比例来衡量低碳乡镇建设参与度。目标值为 20%,则指标的得分 F(F 满分为 100 分,若计算结果超过 100 分则按 100 分计)为

$$F = \frac{累计参与乡镇低碳活动的人次占乡镇总人数的比例}{20\%} \times 85$$

　　(6)人均用电量:定量指标,《2013 年温州市国民经济和社会发展统计公报》显示 2013 年温州市全年居民生活用电量 77.80 亿千瓦时,温州市 2013 年末常住人口为 919.7 万人,及 2013 年温州市人均居民生活用电量为 846 千瓦时。因此,人均用电量的达标值设为 846 千瓦时,则指标的得分 F(F 满分为 100 分,若计算结果超过 100 分则按 100 分计)为

$$F = \frac{846千瓦时}{乡镇居民人均用电量} \times 60$$

　　(7)沼气使用户数:定量指标。根据《温州市能源发展"十二五"规划》,2010 年温州全市沼气用户数达到 6593 户,另据行政区划网显示,温州市共有 71 个乡镇,即平均每个乡镇沼气用户数为 92.86 户。因此,设沼气使用户数的达标值为 92.86 户,则指标的得分 F(F 满分为 100 分,若计算结果超过 100 分则按 100 分计)为

$$F = \frac{沼气使用户数}{92.86户} \times 60$$

　　(8)节能灯使用率:定量指标。根据《关于逐步禁止进口和销售普通照明白

炽灯的公告》，中国将分阶段禁止使用和销售白炽灯，因此，将节能灯使用率的
目标值设为 100%，则指标的得分 F 为

$$F = \frac{节能灯使用率}{100\%} \times 100$$

（9）私家车拥有率：定量指标，《2013 年温州市国民经济和社会发展统计公
报》显示每百户农村居民家用汽车拥有量 21.20 辆。因此，私家车拥有率的达标
值设为 21.20 辆/百户，则指标的得分 F（F 满分为 100 分，若计算结果超过 100
分则按 100 分计）为

$$F = \frac{21.20辆/百户}{每百户农村居民私家车拥有量} \times 60$$

（10）人均建设用地面积：定量指标。根据《温州市土地利用总体规划（2006～
2020 年）》，温州市人均建设用地面积 104 平方米。因此，指标目标值定为 104 米²/人，
则指标的得分 F（F 满分为 100 分，若计算结果超过 100 分则按 100 分计）为

$$F = \frac{104米^2/人}{人均建设用地面积} \times 85$$

（11）太阳能热水器使用面积：定量指标。根据《温州市能源发展"十二五"
规划》，2010 年温州市太阳能热水器利用面积达到 38 万平方米，另据行政区划
网显示，温州市共有 60 个街道，71 个乡镇，考虑到街道受用地面积制约，太阳
能热水器发展受限，因此每个街道的太阳能热水器使用面积按乡镇的一半计算则
平均每个乡镇的太阳能热水器使用面积约为 3762.38 平方米。因此，设太阳能热
水器使用面积的达标值为 3762.38 平方米，则指标的得分 F（F 满分为 100 分，若
计算结果超过 100 分则按 100 分计）为

$$F = \frac{太阳能热水器使用面积}{3762.38平方米} \times 60$$

（12）灌溉水利用系数：定量指标。2015 年温州市灌溉水利用系数将达到 0.58，
因此将指标的目标值设为 0.58，则指标的得分 F（F 满分为 100 分，若计算结果
超过 100 分则按 100 分计）为

$$F = \frac{灌溉水利用系数}{0.58} \times 85$$

（13）生活垃圾收集设施行政村覆盖率：定量指标。根据温州市委市政府确定

的生态建设工作指标，2012年底生活垃圾集中收集行政村覆盖率达到100%。因此，设指标的目标值为100%，则指标的得分 F 为

$$F = \frac{\text{生活垃圾收集设施行政村覆盖率}}{100\%} \times 100$$

（14）生活垃圾无害化处理率：定量指标。根据《温州市发展低碳经济及应对气候变化"十二五"规划》，2015年温州市农村生活垃圾无害化处理率达到70%，因此将指标的目标值设为70%，则指标的得分 F（F 满分为100分，若计算结果超过100分则按100分计）为

$$F = \frac{\text{生活垃圾无害化处理率}}{70\%} \times 85$$

（15）规模化畜禽养殖场粪便综合处理利用率：定量指标。根据《温州市发展低碳经济及应对气候变化"十二五"规划》，2015年温州市规模化畜禽养殖场粪便综合处理利用率达到97%，因此将指标的目标值设为97%，则指标的得分 F（F 满分为100分，若计算结果超过100分则按100分计）为

$$F = \frac{\text{规模化禽畜养殖场粪便综合处理利用率}}{97\%} \times 85$$

（16）有机肥使用率：定量指标。2012年浙江省有机肥占肥料施用总量的12%左右。因此，将有机肥使用率的达标值设为12%，则指标的得分 F（F 满分为100分，若计算结果超过100分则按100分计）为

$$F = \frac{\text{有机肥使用率}}{12\%} \times 60$$

（17）林地面积比例：定量指标。这里以林地覆盖率作为林地面积比例数据。2015年温州市的林地覆盖率为18%，因此，林地覆盖率的目标值设为18%，则指标的得分 F（F 满分为100分，若计算结果超过100分则按100分计）为

$$F = \frac{\text{林地覆盖率}}{18\%} \times 85$$

2. 附加指标解释及指标评分标准说明

附加指标均为引导性指标，目前还处于低碳乡镇建设的初级阶段，这些措施在乡镇中还处于推广阶段，没有得到广泛应用，因此难以用这些指标来衡量乡镇

的低碳建设水平。提出附加指标的目的是鼓励和引导乡镇采纳和实施附加指标所对应的低碳措施，随着低碳乡镇建设的成熟，这些指标逐渐变成普遍性的低碳措施，则可以将此类指标纳入常规指标中。

附加指标没有权重，若某乡镇实施了附加指标对应的低碳措施，即可在总分上加1分。附加指标的解释如下。

（1）低碳家庭创建或评比：乡镇中开展了低碳家庭创建或低碳家庭评比活动。

（2）乡镇低碳生活指南：编写了乡镇低碳生活指南，指南内容翔实且具有可操作性，并通过分发宣传册或张贴公告的形式向乡镇居民传播低碳生活知识。

（3）推广分布式光伏发电：积极向乡镇居民普及分布式光伏发电技术和政策，并鼓励乡镇居民安装分布式光伏发电系统。

（4）推广节能门窗使用：在乡镇中积极推广节能门窗的使用。

（5）建设污水处理厂：乡镇中有建成或在建的污水处理厂。

6.4　低碳工业园区评价指标体系研究

城市的碳排放量占全社会总排放量的 90%。其中工业排放占城市总排放的60%以上。工业园区是我国城市的基本单元之一，其中集合了大量的工商业企业。通过建设"低碳园区"发展低碳经济，减少工业园区碳排放成为城市可持续低碳发展的有效途径之一。

2013 年 9 月 29 日，工业和信息化部及国家发展和改革委员会联合发布了《工业和信息化部 发展改革委关于组织开展国家低碳工业园区试点工作的通知》，决定在全国开展低碳工业园区试点工作。为有效评价工业园区的低碳化建设水平，促进和引导工业园区实现低碳化发展，有必要构建一套科学有效且可操作性强的低碳工业园区评价指标体系。

6.4.1　低碳工业园区评价指标体系构建

1. 低碳工业园区评价范围确定

温州市工业园区的布局框架是"以带为主，以块为辅，带块结合"的空间结构，"带"是指沿海高速公路和沿海大通道为主线的沿海产业带，"块"是指根据地理资源条件、经济基础、生态环境和基础设施等因素布置的工业园区。温州市的工业园区主要分为三大类，即重点类工业园区、补充类工业园区和整合类工业园区。

重点类工业园区：主要分布在沿海产业带，根据各地历史成因、产业特色、地理环境以及全市统筹安排的需要布局的四大片重点工业园区，包括乐清片工业园、滨海片工业园、飞云片工业园、鳌江片工业园。

补充类工业园区：根据地理资源条件、基础设施、产业基础、生态环境等各种因素，在内陆平原山区和海岛的部分区域分布16个特色工业园，主要有温州鹿城轻工产业园、温州鞋业鹿城工业园、温州东瓯工业园、瓯海经济技术开发区南工业园、温州汽摩配罗凤工业园、温州水头皮革工业园等。

整合类工业园区：对部分在城市核心区、中心城区规划区范围内，已经形成一定规模，在近期内控制其规模的进一步扩张，要求提升产业层次，远期要根据城市发展需要，逐渐按产业发展方向整合到相应的重点类或补充类工业园。该类园区一共7个，主要有温州经济技术开发区、温州鹿城炬光园、瓯海经济技术开发区北工业园等。

2. 低碳工业园区评价指标框架

根据低碳工业园区的定义及建设内容，对照我国低碳发展现状和前景，参考国内的低碳发展经验，结合温州市工业园区的整体发展水平和低碳建设条件，综合考虑定性和定量指标，对园区的低碳建设和低碳管理进行考核。根据《国家低碳工业园区试点实施方案编制指南》的要求，将低碳工业园区评价指标体系的准则层分为产业低碳化、能源低碳化、管理低碳化和基础设施低碳化。此外，为进一步引导工业园区低碳化发展，选择一系列典型的低碳引导性指标作为指标体系的附加指标。低碳工业园区评价指标体系框架如图6.5所示。

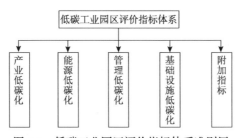

图6.5 低碳工业园区评价指标体系准则层

3. 低碳工业园区评价指标的选取

在研究了大量相关文献的基础上，首先选出低碳工业园区评价指标中出现频率最高的一批指标，然后根据碳减排的研究理论，从高频度指标中筛选出52个指标，如表 6.11 所示。

表 6.11　低碳工业园区评价的初始指标

序号	指标	序号	指标
1	低碳园区工作领导机构	27	工业余热回收利用率
2	环境问题处理及信息公开性	28	非化石能源占一次能源消费比重
3	园区低碳建设方案或发展规划	29	煤炭消费占能源消费总量比重
4	低碳考核制度	30	建立能源管理体系企业数量
5	开展低碳企业创建	31	完成温室气体盘查企业比例
6	设立低碳或节能降耗专项资金	32	企业节能评估达标率
7	低碳宣传频率	33	实施清洁生产企业的比例
8	低碳奖励措施	34	原材料选用达标率
9	园区低碳生产指南	35	产品包装的减量化达标率
10	低碳知识普及率	36	单位工业增加值新鲜用水量
11	低碳园区建设参与度	37	工业用水重复利用率
12	低碳园区建设满意度	38	非传统水源利用率
13	园区规划毛容积率	39	园区物流单位能耗下降率
14	土地利用类型多样性	40	园区绿色出行率
15	低碳产业占总产值比重	41	营运货车单位运输能耗下降率
16	公共节能照明设施率	42	公共交通站点数
17	公共建筑单位面积电耗	43	建立碳排放监测统计和监管体系
18	绿色建筑认证比重	44	低碳技术经费投入比重
19	建筑节能设备（措施）使用率	45	工业固废综合利用率
20	新建建筑节能标准执行率	46	生活垃圾分类
21	既有建筑节能改造率	47	生活垃圾回收
22	单位产品能耗	48	园区绿化覆盖率
23	新型墙体材料建筑应用比例	49	人均公园绿地面积
24	单位工业增加值能耗下降率	50	噪声环境达标率
25	单位工业增加值碳排放下降率	51	废水排放达标率
26	分布式能源设备数量	52	淘汰落后产能指标完成率

为保证低碳评价指标在温州市工业园区中数据获取的可行性，对国家级低碳

试点工业园区"温州经济技术开发区"进行调研。调研方式采用访谈法和问卷法，以座谈会的形式，向温州经济技术开发区管委会调查了评价指标数据获取的可行性，调研结果如表 6.12 所示。

表 6.12 温州经济技术开发区低碳评价指标可行性调研结果

低碳工业园区评价指标	指标属性	指标可行性	
		√	×
低碳园区工作领导机构	定性	√	
环境问题处理及信息公开性	定性		×
园区低碳建设方案或发展规划	定性	√	
低碳考核制度	定性		×
开展低碳企业创建	定性	√	
设立低碳或节能降耗专项资金	定性	√	
低碳宣传频率	定量	√	
低碳奖励措施	定性	√	
园区低碳生产指南	定性	√	
低碳知识普及率	定量		×
低碳园区建设参与度	定量		×
低碳园区建设满意度	定量		×
单位工业增加值能耗下降率	定量	√	
单位工业增加值碳排放下降率	定量	√	
低碳产业占总产值比重	定量		×
单位产品能耗	定量		×
园区规划毛容积率	定量	√	
土地利用类型多样性	定量	√	
公共节能照明设施率	定量		×
公共建筑单位面积电耗	定量		×
绿色建筑认证比重	定量		×
建筑节能设备（措施）使用率	定量		×
新建建筑节能标准执行率	定量		×
既有建筑节能改造率	定量		×
新型墙体材料建筑应用比例	定量		×

续表

低碳工业园区评价指标	指标属性	指标可行性	
		√	×
分布式能源设备数量	定量	√	
工业余热回收利用率	定量		×
非化石能源占一次能源消费比重	定量		×
煤炭消费占能源消费总量比重	定量	√	
建立能源管理体系企业数量	定量	√	
完成温室气体盘查企业比例	定量	√	
企业节能评估达标率	定量	√	
实施清洁生产企业的比例	定量	√	
原材料选用达标率	定量		×
产品包装的减量化达标率	定量		×
单位工业增加值新鲜用水量	定量	√	
工业用水重复利用率	定量	√	
非传统水源利用率	定量	√	
园区物流单位能耗下降率	定量		×
园区绿色出行率	定量	√	
营运货车单位运输能耗下降率	定量		×
公共交通站点数	定量		×
建立碳排放监测统计和监管体系	定性		×
低碳技术经费投入比重	定量		×
工业固废综合利用率	定量	√	
生活垃圾分类	定性	√	
生活垃圾回收	定性	√	
园区绿化覆盖率	定量	√	
人均公园绿地面积	定量		×
噪声环境达标率	定量	√	
废水排放达标率	定量	√	
淘汰落后产能指标完成率	定量	√	

根据可行性调研结果，筛选出可行性较高的低碳工业园区评价指标，并将指

标按低碳工业园区评价指标体系准则层进行分析，结果如表 6.13 所示。

表 6.13　低碳工业园区评价指标可行性筛选结果

目标层	准则层	指标层	指标属性
低碳工业园区评价指标体系	产业低碳化	单位工业增加值能耗下降率	定量
		单位工业增加值碳排放下降率	定量
		单位工业增加值新鲜用水量	定量
		工业用水重复利用率	定量
		非传统水源利用率	定量
		工业固废综合利用率	定量
		淘汰落后产能指标完成率	定量
	能源低碳化	煤炭消费占能源消费总量比重	定量
		建立能源管理体系企业数量	定量
		分布式能源设备数量	定量
	管理低碳化	低碳园区工作领导机构	定性
		园区低碳建设方案或发展规划	定性
		低碳宣传频率	定量
		企业节能评估达标率	定量
		实施清洁生产企业的比例	定量
		完成温室气体盘查企业比例	定量
	基础设施低碳化	园区规划毛容积率	定量
		土地利用类型多样性	定量
		园区绿色出行率	定量
		生活垃圾分类	定性
		生活垃圾回收	定性
		园区绿化覆盖率	定量
		噪声环境达标率	定量
		废水排放达标率	定量
	附加指标	园区低碳生产指南	定性
		低碳奖励措施	定性
		开展低碳企业创建	定性
		设立低碳或节能降耗专项资金	定性

完成指标的可行性筛选后，还需要从科学性、精简性的角度对指标进行进一步的筛选。具体地指标分析和筛选如下：

（1）非传统水源利用指采用再生水、雨水等水源代替市政供水。工业园区中用水量很大，非传统水源利用在用水总量中占的比例很小，因此在低碳工业园区评价中非传统水源利用率不作为考察的重点。

（2）能源管理体系在我国刚刚兴起，目前采纳和使用的企业还比较少，因此难以对建立能源管理体系企业数量进行考核。但是，建立能源管理体系是企业提高用能效率和节能减排的有效手段，因此在附加指标中增加推广企业能源管理体系措施指标。

（3）根据《固定资产投资项目节能评估和审查暂行办法》，未按规定进行节能审查，或节能审查未获通过的固定资产投资项目，项目审批、核准机关不得审批、核准，建设单位不得开工建设，已经建成的不得投入生产、使用。因此，在低碳工业园区评价指标体系中不再对企业节能评估达标率指标进行重复考核。

（4）园区绿色出行率指园区中采用自行车或步行出行的人数占园区总人数的比例。由于实际情况下人的出行方式会因人因时而异，难以进行准确的统计，因此在低碳工业园区评价指标体系中删除园区绿色出行率指标。

（5）生活垃圾分类和生活垃圾回收两项指标都是反映园区对生活垃圾的处理措施，而且都是定性指标，因此可以将两个指标合并成生活垃圾分类回收指标。

（6）噪声环境达标率和废水排放达标率不是与低碳发展直接相关的指标，因此在低碳工业园区评价指标体系中删除这两项指标。

经过进一步筛选，最终确定的低碳工业园区评价指标框架如表 6.14 所示。

表 6.14　最终确定的低碳工业园区评价指标

目标层	准则层	指标层	指标属性
低碳工业园区评价指标体系	产业低碳化	单位工业增加值能耗下降率	定量
		单位工业增加值碳排放下降率	定量
		单位工业增加值新鲜用水量	定量
		工业用水重复利用率	定量
		工业固废综合利用率	定量
		淘汰落后产能指标完成率	定量
	能源低碳化	煤炭消费占能源消费总量比重	定量
		分布式能源设备数量	定量

续表

目标层	准则层	指标层	指标属性
低碳工业园区评价指标体系	管理低碳化	低碳园区工作领导机构	定性
		园区低碳建设方案或发展规划	定性
		低碳宣传频率	定量
		实施清洁生产企业的比例	定量
		完成温室气体盘查企业比例	定量
	基础设施低碳化	园区规划毛容积率	定量
		土地利用类型多样性	定量
		生活垃圾分类回收	定性
		园区绿化覆盖率	定量
	附加指标	园区低碳生产指南	定性
		低碳奖励措施	定性
		推广企业能源管理体系	定性
		开展低碳企业创建	定性
		设立低碳或节能降耗专项资金	定性

4. 指标权重确定

采用低碳社区评价指标体系中权重的分配方法,将每一级的权重平均地分摊到每个指标上,附加指标不占权重,附加指标中每项指标的得分为1分,附加指标得分直接加在总得分上。低碳工业园区评价指标体系的权重分配如表6.15所示。

表 6.15　低碳工业园区评价指标权重

目标层	准则层	权重	指标层	指标属性	权重
低碳工业园区评价指标体系	产业低碳化	0.25	单位工业增加值能耗下降率	定量	0.167
			单位工业增加值碳排放下降率	定量	0.167
			单位工业增加值新鲜用水量	定量	0.167
			工业用水重复利用率	定量	0.167
			工业固废综合利用率	定量	0.167
			淘汰落后产能指标完成率	定量	0.165
	能源低碳化	0.25	煤炭消费占能源消费总量比重	定量	0.5
			分布式能源设备数量	定量	0.5

续表

目标层	准则层	权重	指标层	指标属性	权重
低碳工业园区评价指标体系	管理低碳化	0.25	低碳园区工作领导机构	定性	0.2
			园区低碳建设方案或发展规划	定性	0.2
			低碳宣传频率	定量	0.2
			实施清洁生产企业的比例	定量	0.2
			完成温室气体盘查企业比例	定量	0.2
	基础设施低碳化	0.25	园区规划毛容积率	定量	0.25
			土地利用类型多样性	定量	0.25
			生活垃圾分类回收	定性	0.25
			园区绿化覆盖率	定量	0.25
	附加指标	—	园区低碳生产指南	定性	—
			低碳奖励措施	定性	—
			推广企业能源管理体系	定性	—
			开展低碳企业创建	定性	—
			设立低碳或节能降耗专项资金	定性	—

6.4.2 低碳工业园区评价指标分析

指标分为常规指标和附加指标，常规指标总分为 100 分，附加指标共有 5 项，每项 1 分。设工业园区低碳程度为 K，在已经确定常规指标权重 G_i 的情况下，F_i 为每一个常规指标的得分，H_j 为附加指标的得分，则工业园区的低碳水平得分为

$$K = \sum_{i-1}^{n} G_i F_i + \sum_{j-1}^{n} H_j$$

1. 指标分析及指标等级的确定

（1）单位工业增加值能耗下降率：定量指标。根据工业和信息化部节能与综合利用司出台 2014 年工业节能与综合利用工作要点，2014 年全国单位工业增加值能耗下降 4.5%以上。因此，将单位工业增加值能耗下降率的目标值设为 4.5%，则指标的得分 F（F 满分为 100 分，若计算结果超过 100 分则按 100 分计）为

$$F = \frac{\text{单位工业增加值能耗下降率}}{4.5\%} \times 85$$

（2）单位工业增加值碳排放下降率：定量指标。根据工业和信息化部节能与综合利用司出台 2014 年工业节能与综合利用工作要点，2014 年全国单位工业增加值二氧化碳排放量下降 4.5% 以上。因此，将单位工业增加值碳排放下降率的目标值设为 4.5%，则指标的得分 F（F 满分为 100 分，若计算结果超过 100 分则按 100 分计）为

$$F = \frac{单位工业增加值碳排放下降率}{4.5\%} \times 85$$

（3）单位工业增加值新鲜用水量：定量指标。根据《温州市循环经济"十二五"规划》，2015 年温州市单位工业增加值新鲜用水量的目标值为 28.8 米³/万元。因此，设指标的目标值为 28.8 米³/万元，则指标的得分 F（F 满分为 100 分，若计算结果超过 100 分则按 100 分计）为

$$F = \frac{28.8 米^3/万元}{单位工业增加值新鲜用水量} \times 85$$

（4）工业用水重复利用率：定量指标。根据《温州市循环经济"十二五"规划》，2015 年温州市工业用水重复利用率的目标值为 60%。因此，设指标的目标值为 60%，则指标的得分 F（F 满分为 100 分，若计算结果超过 100 分则按 100 分计）为

$$F = \frac{工业用水重复利用率}{60\%} \times 85$$

（5）工业固废综合利用率：定量指标。根据《温州市发展低碳经济及应对气候变化"十二五"规划》，2015 年温州市工业固废综合利用率的目标值为 ≥99%。因此指标的目标值为 100%，指标的满分为 100 分，则指标的得分 F 为

$$F = \frac{工业固废综合利用率}{100\%} \times 100$$

（6）淘汰落后产能指标完成率：定量指标。根据《温州市淘汰落后产能三年行动计划（2013-2015 年）》，设工业园区 100% 完成上级淘汰落后产能指标时的得分为 100 分，则指标的得分 F 为

$$F = \frac{淘汰落后产能指标完成率}{100\%} \times 100$$

（7）煤炭消费占能源消费总量比重：定量指标。根据国务院发布的《大气污

染防治行动计划》,到 2017 年,煤炭占能源消费总量比重降低到 65% 以下。因此,将指标的目标值设为 65%,则指标的得分 F(F 满分为 100 分,若计算结果超过 100 分则按 100 分计)为

$$F = \frac{煤炭消费占能源消费总量比重}{65\%} \times 85$$

(8)分布式能源设备数量:定量指标,包括分布式光伏发电和分布式能源综合利用系统。分布式能源在我国起步较晚,一次性投资较大,目前尚未得到广泛应用,因此设分布式能源设备数量的目标值为 5,则指标的得分 F(F 满分为 100 分,若计算结果超过 100 分则按 100 分计)为

$$F = \frac{分布式能源设备数量}{5} \times 100$$

(9)低碳园区工作领导机构:定性指标。根据领导小组的筹建质量和管理水平,将指标分为五个等级。

A. 有低碳园区建设领导小组,有领导小组管理制度或工作方案,并且组织过多次低碳园区相关活动;

B. 有低碳园区建设领导小组,没有领导小组管理制度或工作方案,但组织过园区乡镇相关活动;

C. 有低碳园区建设领导小组,有领导小组管理制度或工作方案,但从未组织过低碳园区相关活动;

D. 有低碳园区建设领导小组,但没有有领导小组管理制度或工作方案,且从未组织过任何低碳园区相关活动;

E. 无低碳工业园区建设领导小组。

(10)园区低碳建设方案或发展规划:定性指标。根据园区低碳建设方案或发展规划的质量和实施情况,将指标分为五个等级。

A. 有低碳园区建设方案或发展规划,有低碳园区创建目标及进度计划,且已经严格执行建设方案或发展规划;

B. 有低碳园区建设方案或发展规划,且已经严格执行建设方案或发展规划,但没有低碳园区创建目标及进度计划;

C. 有低碳园区建设方案或发展规划,有低碳园区创建目标及进度计划,但未有效执行建设方案或发展规划;

D. 有低碳园区建设方案或发展规划,但没有低碳园区创建目标及进度计划,也没有有效执行建设方案或发展规划;

E. 没有低碳园区建设方案或发展规划。

（11）低碳宣传频率：定量指标。低碳宣传频率的目标值设为12次/年，则指标的得分 F（F 满分为100分，若计算结果超过100分则按100分计）为

$$F = \frac{实际宣传频率}{12次/年} \times 85$$

（12）实施清洁生产企业的比例：定量指标。根据《温州生态市建设规划》，到2015年温州市应该实施清洁生产企业的比例达到100%，因此，设指标的目标值为100%，指标的总分为100分，则指标的实际得分 F 为

$$F = \frac{实施清洁生产企业的比例}{100\%} \times 100$$

（13）完成温室气体盘查企业比例：定量指标。根据国家发展和改革委员会《关于组织开展重点企（事）业单位温室气体排放报告工作的通知》，2010年综合能源消费总量达到5000吨标准煤的企业在2015年前应完成温室气体盘查。因此将指标的目标值设为100%，则指标的得分 F（F 满分为100分，若计算结果超过100分则按100分计）为

$$F = \frac{完成温室气体盘查企业比例}{100\%} \times 100$$

（14）园区规划毛容积率：定量指标。参考美国可持续发展社区协会《低碳园区发展指南》中的标准，将园区规划毛容积率的目标值设为1.5，则指标的得分 F（F 满分为100分，若计算结果超过100分则按100分计）为

$$F = \frac{园区规划毛容积率}{1.5} \times 85$$

（15）土地利用类型多样性：定量指标。根据《城市用地分类与规划建设用地标准》，城市建设用地共分为8大类、35中类、43小类。参考美国可持续发展社区协会《低碳园区发展指南》中的评分办法，当园区土地利用类型达到24中类时，即认为该园区符合土地利用类型多样性标准。因此，设土地利用类型多样性的目标值为24，则指标的得分 F（F 满分为100分，若计算结果超过100分则按100分计）为

$$F = \frac{园区土地利用类型中类的数量}{24} \times 85$$

（16）生活垃圾分类回收：定性指标。

A. 有垃圾分类回收设施，对垃圾分类回收进行了宣传教育，且严格实行了垃圾分类回收；

B. 有垃圾分类回收设施，并对垃圾分类回收进行宣传教育，但实际执行不严格；

C. 有垃圾分类回收设施，但未对垃圾分类回收进行宣传教育；

D. 对垃圾分类回收进行过宣传教育，但无垃圾分类回收设施；

E. 无垃圾分类回收设施，也未对垃圾分类回收进行过宣传教育。

（17）园区绿化覆盖率：定量指标。根据《温州市低碳城市试点工作实施方案》，2015 年温州市城市建成区绿化覆盖率的目标值为 35%，因此，园区绿化覆盖率的目标值设为 35%，则指标的得分 F（F 满分为 100 分，若计算结果超过 100 分则按 100 分计）为

$$F = \frac{园区绿化覆盖率}{35\%} \times 85$$

2. 附加指标解释及指标评分标准说明

附加指标均为引导性指标，目前还处于低碳工业园区建设的初级阶段，这些措施在工业园区中还处于推广阶段，没有得到广泛应用，因此难以用这些指标来衡量工业园区的低碳建设水平。提出附加指标的目的是鼓励和引导工业园区采纳和实施附加指标所对应的低碳措施，随着低碳工业园区建设的成熟，这些指标逐渐变成普遍性的低碳措施，则可以将此类指标纳入到常规指标中。

附加指标没有权重，若某工业园区实施了附加指标对应的低碳措施，即可在总分上加 1 分。附加指标的解释如下。

（1）园区低碳生产指南：编写了园区低碳生产指南，指南内容翔实且具有可操作性，并通过分发宣传册或张贴公告的形式指导各企业低碳生产。

（2）开展低碳企业创建：在园区中开展低碳企业创建活动。

（3）低碳奖励措施：设立了低碳生产评判标准和相应的奖励措施，对实施低碳生产的企业进行奖励。

（4）推广企业能源管理体系：制订了切实可行的推广企业能源管理体系的措施，并积极在企业中推广能源管理体系的使用。

（5）设立低碳或节能降耗专项资金：设立了低碳或节能降耗专项资金，用以扶持或帮助企业进行低碳或节能技术改造。

6.5 成果和建议

6.5.1 成果

本章通过对低碳社区、低碳乡镇和低碳工业园区评价指标的分析研究，取得了以下成果：

（1）在对国内外低碳评价体系研究的基础上，构建了一套低碳评价指标体系，其中包括低碳社区评价指标体系、低碳乡镇评价指标体系和低碳工业园区评价指标体系。

（2）对温州市的郭公山社区、大若岩镇和温州经济技术开发区进行了调研，深入了解了温州市低碳社区、低碳乡镇和低碳工业园区的建设情况，并对低碳社区、低碳乡镇、低碳工业园区评价指标的可行性进行了探讨。

（3）在调研了低碳试点社区、低碳试点乡镇和低碳试点工业园区的基础上，根据温州市社区、乡镇、工业园区现阶段的低碳建设水平，调整了低碳评价指标体系中的指标，显著提高了低碳社区、低碳乡镇、低碳工业园区评价指标体系的可行性和在温州市的适用性。

6.5.2 建议

我国的低碳社区、低碳乡镇、低碳工业园区的建设才刚刚起步，目前仅仅处于试点阶段，而低碳评价指标体系必须要与实际的低碳建设水平相适应，才能有效地发挥其对低碳建设的促进和引导作用。在未来的研究中，低碳评价指标体系还可以从以下几个方面提高：

（1）由于现阶段低碳建设水平较低，数据获取的局限性较大，不得不舍弃部分有价值的低碳评价指标。随着社区、乡镇和工业园区建设水平的提高，相应的评价指标也应该与时俱进、定期更新，促进和引导我国低碳社区、低碳乡镇和低碳工业园区建设水平不断提高。

（2）目前的低碳评价指标体系研究比较分散，评价的侧重点各不相同，评价的标准相差较大，国内尚没有获得广泛认可的低碳评价体系。随着研究的深入以及我国低碳社区、低碳乡镇和低碳工业园区建设水平的提高，有必要发布更有权威的低碳社区、低碳乡镇和低碳工业园区认证体系。

（3）在低碳评价指标体系的应用上，不仅是单纯地对社区、乡镇、工业园区的低碳化水平进行评价和比较，更要发挥其对低碳建设的促进和引导作用。对于低碳水平高的社区、乡镇和工业园区，可通过低碳示范区挂牌、政策补贴低碳设施改造等方式促进其低碳化水平进一步提高，对于低碳化水平较低的社区、乡镇和工业园区则应敦促其整改，最终实现全社会低碳化水平的提高。

第 7 章

温州经济技术开发区建设低碳示范园区方案研究

7.1 园区总体情况

7.1.1 园区基本情况

1. 园区概况

1）园区性质

温州经济技术开发区（以下简称"开发区"）是 1992 年经国务院批准设立的浙南闽北首家国家级经济技术开发区，列入《中国开发区审核公告目录（2006 年版）》（国土资源部公告 2004 年第 17 号），核准面积为 5.11 平方千米，位于温州市龙湾区境内。2014 年 1 月，开发区经过新一轮整合提升，现辖状蒲园区（前期国家核准区域，现已委托高新技术产业开发区管理）、滨海园区、金海园区和瓯飞围垦部分区域，委托管理四个街道。开发区此次建设国家低碳工业园区的重点是滨海园区和金海园区，两园区占地规模 34.4 平方千米，其中滨海园区 18.7 平方千米，金海园区 15.7 平方千米。园区以引进资金密集型、技术密集型的工业项目为主，将逐步形成传统产业和新兴产业兼顾并重，第二、三产业协调发展，功能配套设施齐全的开放性产业新城。

2）区位、行政区划及空间布局

开发区位于温州浙南沿海先进装备产业集聚区和海洋经济发展的核心地带，地处万吨级码头、温州机场、甬台温铁路及环温高速复线、城市轻轨等海陆空交通枢纽的中心，交通优势明显。优越的地理位置和便捷的网络化交通使得开发区具有直接接受长三角和珠三角产业群协作、技术覆盖和经济辐射的优势。

3）自然地理、资源禀赋及基础设施

开发区属亚热带海洋性季风气候，温暖湿润，雨量充沛，四季分明。夏季主导风向为东南偏东风，冬季为西北风。年平均气温 17.9 摄氏度，无霜期 272 天。年平均日照率 42%，日照时数 1860 小时/年。全年平均雨日计 173 天，年平均降水量 1695 毫米，年平均相对湿度 85%，夏秋间常有台风暴雨。开发区陆域地势西高东低，大罗山环峙西部，海拔大多在 400 米以下，最高峰海拔 707.2 米。区内密布沟渠，大多沿北西-南东走向，是永强片及大罗山水系入海的天然渠道。

开发区属资源、市场"两头在外"的工业园区。水资源、能源以及产业所需的各类基础原料资源包括电子元器件、金属制品、化学品、原煤等主要依靠外部调入，淡水资源主要来自大罗山水库，电力由华电电网输送入区。

至 2012 年，开发区在基础设施建设上已累计投入资金 116 亿元。主要基础设施情况见表 7.1。

表 7.1　开发区主要基础设施

设施类型	说明
供水	供水能力为 30 万吨/天，由状元水厂和温州东向水厂联合供应
排水	按照雨污分流的原则，建成独立的雨水和污水排放系统。污水纳管能力 20 万吨/天
污水处理	滨海园区污水纳入第一、二污水处理厂处理，投运的处理能力分别为 5 万吨/天、3 万吨/天，处理标准为一级 A
固废处置	生活垃圾和一般工业废物全部送往温州永强垃圾焚烧发电厂集中处理，以合成革废渣残液为主的危险废物统一送往温州市合成革（釜残）危险废物无害化处置中心处理
供气	管道天然气统一供应，总储备量 30 万立方米
供电	华东电网直供，现有 3.5 万伏、22 万伏变电所向区内供电
集中供热	污泥综合利用热电联产，近期规划 80 吨/小时，远期 260 吨/小时

2. 经济发展和产业基础情况

1）园区经济发展情况

2012 年，滨海园区和金海园区（以下部分提到园区，若无特别说明，皆指滨海园区和金海园区）地区生产总值达到 77.43 亿元，工业增加值 55.85 亿元，服务业增加值 11.77 亿元。规上高新技术产业增加值占规上工业增加值的比例为 19.2%，规上高耗能行业增加值占规上工业增加值的比例为 16.7%，全员劳动生产率为 9.88 万元/人（规上企业口径计算）。固定资产投资 72.20 亿元，实现财政收入 16.67 亿元（表 7.2）。

表 7.2 园区主要经济发展情况

年份	2010	2011	2012	2013
地区生产总值/亿元	55.67	68.17	77.43	95.15
工业总产值/亿元	174.50	206.61	227.70	266.31
规上工业总产值/亿元	164.40	191.56	218.94	246.39
工业增加值/亿元	41.69	53.65	55.85	66.50
规上工业增加值/亿元	32.08	40.22	42.44	47.10
服务业增加值/亿元	8.06	9.92	11.77	18.94
规上高新技术产业增加值/亿元	7.26	8.03	8.13	9.57
高耗能行业增加值比重（规上）/%	21.50	23.90	16.70	17.30
固定资产投资/亿元	38.42	57.61	72.20	80.73
财政收入/亿元	18.03	16.93	16.67	21.84

注：可比价

2）主导产业及骨干企业

园区作为温州先进制造业的主要基地、对外开放的重要窗口和工业经济转型的重要平台，致力于发展现代轻工业、先进制造业和高新技术产业，已成为浙江省南部区域重要的民营经济和高新技术产业聚集区，已逐步形成了由传统产业、先进制造业、高新技术产业、现代服务业等组成的产业梯度布局框架。

目前园区除了服装、鞋革等传统优势行业，还基本形成了先进装备制造业、汽车零部件制造产业、现代物流业三大新兴主导产业。

①先进装备制造产业

园区先进装备制造产业重点包括光伏与激光、电气设备、石化装备、食药机械四大子产业。

光伏与激光产业：2012 年，园区规上光伏与激光产业企业实现产值约 16.7 亿元。该行业以光伏、半导体照明、激光器件与应用设备、3D 打印等为主。骨干企业有浙江天晶新能源科技有限公司、硕颖数码科技（中国）有限公司等，两家企业 2012 年工业产值分别占规上光伏与激光产业产值的 14.5%和 12.3%。

电气设备产业：2012 年，园区规上电气设备（含关键零部件）企业产值约 37.7 亿元。该行业包括智能化、多功能、个性化、节能化的高、精、尖电气设备，骨干企业有浙江正泰智能电器股份有限公司、浙江昌泰电力电缆有限公司、温州威尔鹰集团有限公司等。还包含性能优越化、材质环保化、制造自动化电工材料，打造世界领先的电工材料研发与制造商，引领中国电工合金行业转型升级。骨干企业有福达合金材料股份有限公司、温州宏丰合金有限公司等。正泰集团是中国工业电器行业产销量最大的企业之一，综合实力连续多年名列中国民营企业 500 强前十位，福达合金材料股份有限公司 2012 年工业产值占规上电气设备总产值比重最大，达到 33.9%。

石化装备产业：2012 年，园区规上石化装备等专用设备企业产值约 13.1 亿元。该行业包括石化先进成套装备、智能和特种阀门等通用基础装备、高档专用装备等高端装备，骨干企业有浙江石化阀门有限公司、圣邦液压、温州市东风化工机械有限公司等，3 家企业工业产值占规上石化装备产业工业产值比重约 50%。圣邦液压系列产品被授予"2012 年度中国机械工业优质品牌"称号。

食药机械产业：2012 年，园区规上食药机械企业产值约 9.2 亿元。该行业包括以功能化、模块化制药机械，罐装成套设备、充填、封口设备、无菌包装设备等食品机械等，骨干企业有国茂（浙江）科技有限公司、温州市天宇轻工机械有限公司等。两家企业 2012 年工业产值分别占规上食药机械产业产值的 15.9% 和 9.9%。温州市天宇轻工机械有限公司是食品机械行业的领军集团型企业，在食品行业处于龙头的地位。

②汽车零部件制造产业

汽车零部件制造产业主要包括汽车关键零部件制造业及汽车销售服务业。

汽车关键零部件制造业：2012 年，园区规上汽车关键零部件企业产值约 32.0 亿元。该行业包括汽车电子、电喷泵、汽车轴承、汽车紧固件、汽车皮带轮、子午线轮胎、汽车传感器、汽车发动机集成模块等产品。骨干企业有温州长江汽车电子有限公司、温州人本汽车轴承股份有限公司、浙江明泰标准件有限公司、温州汇润机电有限公司等。温州人本汽车轴承股份有限公司开发出带有继承 ABS 脉冲发生器的轮毂轴承单元。温州汇润机电有限公司是"汽车电喷燃油泵国家标准"起草单位。

汽车销售服务业：2012 年，园区实现汽车销售收入约 5.0 亿元，2014 年起依托园区大交通、大物流的区位优势，以汽车梦工厂项目为核心谋划布局汽车销售服务业，致力于在园区打造一个以汽车文化为主题、含汽车整车、零部件销售及汽车维修服务的汽车服务产业。

③现代物流业

现代物流业包括航空物流、道路物流和产业集群物流、城乡配送和快递物流等重点业务。2012 年，园区实现营业收入约 47.36 亿元。骨干企业有温州顺衡速运有限公司、浙江人本超市有限公司和温州人本物流服务有限公司等。其中，浙江人本超市有限公司 2012 年营业收入占物流业营业收入的 89.7%。

④传统优势行业

传统优势行业包括服装、鞋革、水暖洁具等。2012 年，全区传统产业实现产值 85.6 亿元。下一步将推进服装、鞋革、水暖洁具等传统轻工产业价值链升级，逐步由制造环节向研发设计、品牌及市场营销环节转移。引导传统产业大力应用推广电子商务，提升传统产业资源配置效率、运营管理水平和整体创新能力。

园区主导产业及骨干企业工业产值具体如表 7.3 所示。

表 7.3 园区主导产业及骨干企业工业产值

主导产业		2012 年规上工业产值/万元	骨干企业
先进装备制造产业	光伏与激光产业	166828	浙江天晶新能源科技有限公司 硕颖数码科技（中国）有限公司
	电气设备产业	376853	浙江正泰智能电器股份有限公司 温州宏丰合金有限公司 浙江昌泰电力电缆有限公司
	石化装备产业	130862	浙江石化阀门有限公司 浙江圣邦科技有限公司 东正科技有限公司
	食药机械产业	92583	国茂（浙江）科技有限公司 温州市天宇轻工机械有限公司
汽车零部件制造产业	汽车关键零部件制造业	320307	温州长江汽车电子有限公司 温州人本汽车轴承股份有限公司 浙江明泰标准件有限公司
	汽车销售服务业	50459（销售收入）	温州凌通雷克萨斯汽车销售服务有限公司
现代物流业	航空物流、道路物流和产业集群物流	473628（营业收入）	浙江人本超市有限公司 温州顺衡速运有限公司 温州人本物流服务有限公司
传统优势行业	服装、鞋革、水暖洁具	856000	

注：产值为当年价

3）主导产业技术装备水平及核心技术简介

①先进装备制造业

先进装备制造业以分布式太阳能光伏发电产业、电气设备为代表。

分布式太阳能光伏发电产业：采用太阳能光伏发电新材料、新一代太阳能电池、太阳能热发电和储热制造技术，开发太阳能热多元化利用、制冷和工业应用、风光储互补技术以及储能技术和装备等。光伏电站接入方式分为专线接入公用电网、T 接入公用电网以及通过用户内部电网接入公用电网三种方式。区内企业仅制造变频器、自控柜及机组总装、测试，高耗能的晶片模块均以采购为主。配置自动贴片生产线、装配线、测试线等先进装备。

电气设备：采用高性能组合式、长寿命、智能型等高低压电器制造技术，开发智能输变电技术与装备、柔性输变电技术与装备。对焊接、表面处理、涂装过程，采用摩擦焊和气保焊、低温除油磷化、全封闭自动高压静电喷涂等清洁生产技术。配置自动化、机械化的表面处理和涂装流水线进行连续生产。

②汽车零部件制造产业

汽车零部件制造产业涉及汽车电子、电喷泵、汽车轴承、汽车紧固件、汽车皮带轮、制动控制系统等产品制造技术。针对机械加工、焊接、表面处理、涂装过程，采用数控加工、回流焊、摩擦焊、电阻焊、全封闭高压静电喷涂等清洁生产技术。配置数控机床、自动焊机、点焊机器人、自动回流焊生产线、装配线、测试线，自动化、机械化的表面处理和涂装流水线等先进装备。

③现代物流业

现代物流业采用公路物流及城市配送中心为支撑，运用航空、水路、公路多式联运先进技术，形成综合性物流园区-物流中心-配送点三级节点体系初步构架，配置生产物流、采购物流、营销物流、电子商务等现代化设施。

4）研发能力简介

园区研发投入平均占销售收入的比重约为 2.2%，工程技术人员约占职工总数 6%。截至 2012 年底，园区已拥有高新技术企业（含科技型企业）98 家，新政策认定的高新技术企业 32 家，国家火炬计划重点高新技术企业 6 家。拥有省级企业研究院 1 家，省级企业研发中心 20 家，市级企业研发中心 27 家，企业研发中心 57 家。2012 年积极组织申报国家千人计划 2 人，省千人计划 3 人，市拔尖人才和突出贡献人才 5 人。

5）在国内同类园区所处地位

园区拥有民用电器、食药机械为主导的三个国字号特色产业园区，电气、汽摩配行业技术水平领域处于行业领先地位，石化装备、食药机械等其他主导行业处于省级园区的先进地位。

3. 能源消费与碳排放状况

1）能源消费情况

园区一次能源资源匮乏，除水能外，一次能源需求量的 90%以上依靠外部调入。根据规上工业统计数据，园区规上工业能源消费以电力和烟煤为主，分别占消费总量的 60%和 30%左右，能源消费品种较为单一。2012 年，橡胶和塑料制品业、黑色金属冶炼和压延加工业、医药制造业是主要的能源消费行业，占园区规上工业能源消费总量的 40.1%。电力消费排名前三的行业分别是黑色金属冶炼和压延加工业、橡胶和塑料制品业及通用设备制造业，占规上工业总用电量的 36.4%。2010 年、2011 年和 2012 年园区规上工业能源消费总量分别为 19.71 万吨标准煤、21.71 万吨标准煤和 23.53 万吨标准煤，以年均增长率 6.08%的速度增长，2012 年比 2010 年增加 3.82 万吨标准煤，其中医药制造业增长贡献最大，2 年增加 1.94 万吨标准煤，而橡胶和塑料制造业能源消费量以年均 10.7%的速度下降，园区能源消费情况见表 7.4、表 7.5。

2010 年、2011 年和 2012 年园区单位工业产值能耗分别为 0.120 吨标准煤/万元、0.113 吨标准煤/万元和 0.107 吨标准煤/万元，园区单位工业增加值能耗分别为 0.646 吨标准煤/万元、0.552 吨标准煤/万元和 0.558 吨标准煤/万元。

表 7.4 2012 年园区各行业能源消费情况

行业	化石能源消费量/万吨标准煤	用电量/万千瓦时	能源消费总量/万吨标准煤
橡胶和塑料制品业	2.92	6130.74	4.75
黑色金属冶炼和压延加工业	0.79	7003.12	2.89
医药制造业	1.19	2081.45	2.06
通用设备制造业	0.21	4710.53	1.62
皮革、毛皮、羽毛及其制品和制鞋业	0.17	4529.75	1.53
电气机械和器材制造业	0.05	3846.23	1.21
金属制品业	0.47	2258.10	1.14
计算机、通信和其他电子设备制造业	0.01	3557.46	1.07
纺织服装、服饰业	0.56	1625.30	1.05
非金属矿物制品业	0.43	1160.39	0.97
印刷和记录媒介复制业	0.62	1794.13	0.97
纺织业	0.30	1838.36	0.85
交通运输设备制造业（汽车制造业）	0.04	2253.41	0.72
化学原料和化学制品制造业	0.23	1198.93	0.59
造纸和纸制品业	0.28	613.98	0.47
其他制造业	0.12	1026.00	0.43

续表

行业	化石能源消费量/万吨标准煤	用电量/万千瓦时	能源消费总量/万吨标准煤
有色金属冶炼和压延加工业	0.01	1319.70	0.41
专用设备制造业	0.01	1067.99	0.33
家具制造业	0.06	584.31	0.24
酒、饮料制造业	0.03	355.00	0.14
仪器仪表制造业	0.02	130.18	0.06
文教、工美、体育和娱乐用品制造业	0.00	129.50	0.04
燃气生产和供应业	0.00	3.46	0.00
食品制造业	0.00	2.00	0.00

注：均为规上工业统计数据

表 7.5　2012 年能耗 2000 吨标准煤以上企业能源消费情况

企业名称	综合能源消费量/吨标准煤	占规上能耗比重/%
浙江康乐药业股份有限公司	19160.4	8.1
大自然钢业集团有限公司	18815.7	8.0
温州瑞普皮革有限公司	10156.6	4.3
温州永达利合成革有限公司	8197.2	3.5
浙江云中马染织实业有限公司	7821.6	3.3
温州亚展人造革有限公司	6821.3	2.9
温州浙东水泥制品有限公司	6442.5	2.7
温州人本汽车轴承股份有限公司	5735.4	2.4
温州诚远制革有限公司	5719.6	2.4
金帝集团有限公司	5571.5	2.4
浙江欧珑电气有限公司	4895.0	2.1
温州立可达印业股份有限公司	4693.1	2.0
温州超特轧钢有限公司	4594.1	2.0
温州博德真空镀铝有限公司	4548.0	1.9
温州和合拉链有限公司	3870.8	1.6
百力橡胶轮胎有限公司	3769.1	1.6
温州长江合成革有限公司	3752.7	1.6
立可达包装有限公司	3679.2	1.6

续表

企业名称	综合能源消费量/吨标准煤	占规上能耗比重/%
温州长江汽车电子有限公司	3624.5	1.5
温州巨丰皮业有限公司	3356.5	1.4
温州市恒东皮业有限公司	3129.9	1.3
温州瑞峰实业有限公司	3054.8	1.3
温州宇田树脂有限公司	2854.7	1.2
温州君浩实业有限公司	2719.7	1.2
温州一都合成革有限公司	2475.4	1.1
温州日胜鞋材有限公司	2470.3	1.0
福达合金材料股份有限公司	2392.0	1.0
温州亿力机械发展有限公司	2380.7	1.0
温州珠联实业有限公司	2341.7	1.0
温州科艺环保餐具有限公司	2142.5	0.9
浙江乔顿服饰股份有限公司	2124.2	0.9
浙江正康实业有限公司	2101.6	0.9
温州永旭金属有限公司	2068.3	0.9
合计	167480.6	71.0

2）碳排放情况

基于规上工业能源统计数据,按照分能源品种分别计算二氧化碳排放量,2010年、2011年和2012年园区规上工业二氧化碳排放总量依次为49.75万吨、55.22万吨和59.64万吨（表7.6）,以电力和烟煤消费产生的二氧化碳排放为主,分别占总排放量的60%和35%左右,橡胶和塑料制品业以及黑色金属冶炼和压延加工业是主要的碳排放行业,占碳排放总量的33.1%。2010年、2011年和2012年园区单位工业增加值二氧化碳直接排放分别为1.630吨/万元、1.404吨/万元和1.414吨/万元,二氧化碳排放强度处于较低值（表7.7）。

表 7.6　园区能源消费二氧化碳排放情况

年份	2010	2011	2012
碳排放量/吨二氧化碳	497520.7	552186.5	596419.8

注：基于规上工业统计数据计算

表 7.7 2012 年园区各行业二氧化碳排放情况

行业	碳排放总量/吨二氧化碳
橡胶和塑料制品业	128640.3
黑色金属冶炼和压延加工业	69032.3
医药制造业	57375.5
通用设备制造业	37827.5
皮革、毛皮、羽毛及其制品和制鞋业	36543.6
金属制品业	29012.5
电气机械和器材制造业	28709.9
纺织服装、服饰业	27533.2
计算机、通信和其他电子设备制造业	25675.4
印刷和记录媒介复制业	25274.1
非金属矿物制品业	25268.4
纺织业	21956.5
交通运输设备制造业（汽车制造业）	17076.7
化学原料和化学制品制造业	14098.5
造纸和纸制品业	12509.0
其他制造业	10896.2
有色金属冶炼和压延加工业	9734.8
专用设备制造业	7892.1
家具制造业	6008.8
酒、饮料制造业	3090.2
仪器仪表制造业	1260.4
文教、工美、体育和娱乐用品制造业	930.1
燃气生产和供应业	59.4
食品制造业	14.4

注：基于规上工业统计数据计算

3）在国内同类园区所处地位

园区近年来积极推动产业转型升级和低碳化改造，实现由高能耗、高排放、低效率到低能耗、低排放、高效率的转变。2012 年园区单位工业增加值能耗为 0.558

吨标准煤/万元，低于浙江省平均值 0.832 吨标准煤/万元。能耗强度指标在全省处于优秀水平。由于二氧化碳排放量与能源消耗量密切相关，二氧化碳排放强度指标同样在省内处于中上水平。

7.1.2　园区创建低碳示范的工作基础

1. 低碳发展工作进展

1）实施行业准入标准，优化产业结构

园区实施铝氧化、不锈钢管、酸洗加工等重点行业环境准入标准，加强火电等重污染项目的准入管理，限制水泥等重污染行业新增产能。原则上不再新建、扩建燃煤电厂、水泥熟料、平板玻璃、陶瓷等产能过剩、能耗高、污染物排放量大的企业，其他增加大气污染物排放的新建、扩建项目，按照"以新代老、增产减污"的原则进行审批；禁止新建 20 蒸吨/小时以下的高污染燃料锅炉，禁止新建直接燃用非压缩成型生物质燃料锅炉。

2）发展可再生能源，优化能源结构

目前温州市已申报分布式光伏发电规模化应用示范区，园区根据市里统一安排，实施并网光伏发电示范项目，计划实施 80 兆瓦并网光伏发电示范项目，预计项目总投资在 7 亿元左右。

3）推进清洁生产，提高能效水平

园区以食药机械行业的清洁生产为突破口，鼓励企业进行清洁生产审核，推广实施清洁生产审核和 ISO14001 环境管理体系认证，到 2012 年，47 家企业通过清洁生产审核。同时鼓励企业加大投入实施清洁生产技改项目，2013 年上半年工业企业累计新增设备投入 7.6 亿元，同比增长 120%。

2013 年 5 月印发《温州经济技术开发区合成革行业整治提升方案》，实施园区合成革行业全面整治提升，到 2014 年 6 月底前 13 家合成革企业完成整治，已投产合成革企业生产线削减 30%以上。

2.能力建设经验及成效

1）组织机构建设

已组建开发区节能减排工作领导小组，组长由管委会最高管理者担任，成员由党政办公室、经济发展局、市政环保局、人力资源和劳动保障局等部门领导组成。领导小组下设办公室，主任由经发局局长担任，明确管委会各部门在节能减排工作中的职责。由上述单位的相关部门组成项目推动办公室，负责各项具体工作的推进和落实。

已成立开发区光伏发电应用工作领导小组、开发区建设国家低碳工业园区工作领导小组、创建国家级循环化改造示范园区工作领导小组和开发区公共机构节能管理领导小组。

园区管委会是 ISO9001 质量管理体系和 ISO14001 环境管理体系双认证单位。

2）政策措施制定

为实施严格的行业准入标准，建立了《开发区工业用地项目入园评审管理暂行办法》，实行入区项目绿色招商制度、环保一票否决制度和专家咨询制度。

为优化能源结构，达到节能降耗、减排提效，改善环境质量的目的，编制了《温州经济技术开发区"品牌立区"奖励办法》《温州经济技术开发区节能降耗工作应急预案》《温州经济技术开发区企业技术改造项目节能评估审查办法》《开发区"十二五"污染减排工作实施方案》。

温州市委、市政府也高度重视开发区低碳发展，着力把开发区打造为低碳产业示范园区。在已出台的《温州市发展低碳经济及应对气候变化"十二五"规划》《温州市低碳城市试点重点项目行动计划》《温州市新能源扶持政策和推广应用实施计划》《温州市建筑交通产业低碳发展行动计划》等重要文件中，都提出要选择开发区作为示范，建设低碳产业示范园区。市政府批复了开发区国家生态工业园区建设规划。

3）保障机制建设

为保障节能减排工作的顺利开展，颁布《关于印发开发区节能降耗财政专项资金管理办法的通知》《开发区环境保护治理补助资金实施意见》《开发区创新成果产业化及装备制造业发展财政专项资金管理办法》《开发区管理创新专项资金管理办法》等财政政策。

市财政出台《温州市低碳发展专项资金管理办法》，每年安排 2000 万元作为市专项资金，主要用于低碳发展能力体系建设；经济开发区、园区等低碳化改造补助。省财政下达了 2011 年循环经济专项资金支持浙江聚光科技有限公司 LED 封装产品及应用灯具等项目。同时，每年安排区财政资金 3000 万元，用于支持企业技改、管理创新和节能减排。

对在二氧化碳捕集利用和封存等低碳技术领域自主创新，优先列入市重大科技创新项目等各类科技计划。制定并落实人才政策，积极吸引国内外的领军企业、高端人才、科研机构来温州发展低碳产业。

7.1.3 园区示范创建面临的形势

1. 经济社会发展趋势

2010~2012 年，园区地区生产总值年均增长率为 17.9%，根据开发区"十三五"规划和低碳园区建设的良好态势，预计园区示范期间地区生产总值增长率将保持在 15% 以上，2016 年达 128.07 亿元。

随着园区内低碳产业的集聚发展，高新技术产业、生产性服务业将成为园区的新增长点。2016 年高新技术产业增加值占工业增加值的比重达到 42%，服务业增加值占 GDP 的比重达到 19.3%，分别比 2012 年增加 22.8 个百分点和 4.2 个百分点。

2. 温室气体排放趋势

2010~2012 年，园区规上工业二氧化碳排放以年均 9.5% 的增长率，增加了 9.89 万吨，其中增长贡献最大的为医药制造行业，增长 5.42 万吨，单位工业增加值碳排放 2012 年比 2010 年下降 9.4 个百分点。随着园区进一步开展淘汰落后生产能力和高耗能重污染行业整治提升行动，预计单位工业增加值碳排放指标将超过《浙江省人民政府办公厅关于印发浙江省控制温室气体排放实施方案的通知》中对温州市的指标下降要求。

3. 创建的机遇和挑战

1）机遇

（1）低碳政策基础良好。已编制发布了一系列项目入园评审制度。完善了项目入园条件与管理流程，对入园企业进行"碳筛选"，严格限制碳排放强度大、能耗高的产业项目入园。

（2）低碳金融优势显著。以温州市金融综合改革试验区为契机，大力发展低碳产业投资基金，探索低碳产业多元化融资模式，既能有效保障示范建设融资需求，又能够规范民间资本进入低碳实体产业，从而发挥市场机制在控碳方面的作用。

2）挑战

（1）能源利用水平不高。园区能源结构以煤炭为主，低碳能源和零碳能源的使用比例过低。园区集中供热尚未投产，企业自备锅炉热效率仅为 40%~65%，且污染源分散。尽管市政府及开发区曾要求一些企业的生产锅炉进行了改造，由燃煤改为天然气，但由于成本太高，多数企业仍用回燃煤。

（2）产业仍较为粗放。总体而言，园区传统劳动密集型产业占比仍较大，全员劳动生产率低于浙江省平均水平，粗放式增长特征仍较为明显，具有国际竞争力的高新技术企业占比不高。

（3）基础设施建设滞后。园区经过多年的快速发展，现有路网、管网、给排水工程等基础设施建设已不能满足进一步发展的需要，物流、信息等配套基础设施建设滞后，导致园区投资环境不尽人意。

4. 示范创建的示范意义和价值

1）为全国探索以低碳产业为主导、提升园区产业竞争力的经验

目前园区建设完成 10 兆瓦国家金太阳示范工程项目，在多家企业的厂房屋顶建设太阳能电站，到 2016 年底，改造屋顶总面积约 100 万平方米，形成 80 兆瓦分布式光伏发电规模，年可节约 2.6 万吨标准煤，带动开发区以及温州地区相关产业链的发展。通过示范创建，园区将肩负起探索形成符合国内实际的、可推广的产业竞争力提升机制，努力使园区成为"国内一流、面向国际"的低碳工业园区。

2）为全国探索以低碳金融为特色、优化园区低碳发展模式的经验

充分把握温州市金融综合改革试验区机遇，发展低碳产业投资基金，探索低碳产业多元化融资模式，一方面引进社会资本参与示范建设，有效保障低碳转型对资金投入的需求，破解低碳产业的投资收益率普遍相对较低、投资回收期长的困境；另一方面规范民间资本进入低碳实体产业，破解小企业多但融资难、民间资金多但投资难的问题。通过示范创建，园区将进一步探索"可持续的低碳经济发展模式、可推广的碳金融模式和碳交易机制"，努力使"温州经验"在全国低碳投融资领域形成一定的区域影响力。

7.2　指导思想和主要目标

7.2.1　指导思想

以科学发展观为统领，以低碳理念为先导，以科技创新为动力，以制度完善为保障，以滨海园区和金海新区为载体，按照以低碳产业为主导、以低碳能源为方向、以低碳金融为特色、以低碳能力建设为支撑、以低碳设施为基础的发展思

路，着力打造"一园两区五平台"，培育一批具有低碳理念、掌握低碳技术的低碳企业，形成一条具有温州特色的工业园区低碳发展道路，使园区低碳总体发展水平走在全国前列。

7.2.2　基本原则

坚持政府引导与市场调节相结合，发挥市场配置资源的决定性作用，鼓励各类市场主体投资低碳领域。

坚持技术创新与体制改革相结合，鼓励自主创新的低碳技术及产业发展，创新低碳市场运作机制与政府行政管理体制。

坚持全面布局与突出特色相结合，将低碳理念融入开发区统筹发展、产业结构调整、消费结构转变等领域，并突出低碳产业、低碳能源、低碳金融等重点领域，体现温州工业特色。

7.2.3　主要目标

1. 总体目标

（1）核心指标继续领先全国。到 2020 年，单位工业增加值碳排放比 2012 年下降 30%以上，单位工业增加值能耗比 2012 年下降 22%以上。

（2）形成低碳产业格局。基本形成以先进制造业为核心、战略性新兴产业为重点的具有低碳竞争力的产业格局。建成与产业发展相适应的低碳园区功能配套，基本实现低碳工业化产业基地建设目标。

（3）建立碳排放监测管理体系。基本建立园区温室气体排放的动态监测、统计和核算体系，初步建立可持续的低碳经济发展模式、可推广的碳金融模式、可操作的低碳配套政策体系。

2. 指标体系

园区示范创建指标体系如表 7.8 所示。

表 7.8　园区示范创建指标体系

	指标	2012 年	2016 年	2020 年目标
总目标	单位工业增加值碳排放/（吨/万元）	1.414	1.188	0.962
	单位工业增加值能耗/（吨标准煤/万元）	0.558	0.491	0.408

续表

	指标	2012 年	2016 年	2020 年目标
产业 低碳化	高新技术产业增加值占工业增加值比重/%	19	40	65
	服务业增加值占 GDP 比重/%	15	19	23
	重点企业清洁生产审核实施率/%	—	100	0
能源 低碳化	煤炭消费占能源消费总量比重/%	31	≤30	≤28
	可再生能源占能源消费总量比重/%		≥4	≥6
	分布式光伏发电装机容量/兆瓦	—	80	100
低碳金融 发展	低碳金融政策体系完善程度	—	建立财政支持机制和相 应政策法律体系	完善财政支持机制和相 应政策法律体系
	低碳产业投资基金在创业投资引导基金中 的比例/%		≥5	≥7
管理 低碳化	完成温室气体排放清单编制情况		2013~2015 年温室气 体排放清单报告	2016~2019 年温室气 体排放清单报告
	提交温室气体排放报告的企业数量	—	2012 年能耗在 1000 吨 标准煤以上的企业	2012 年能耗在 1000 吨 标准煤以上的企业
基础设施 低碳化	绿色建筑认证比例	—	新建公共建筑绿色建 筑认证比例≥60%	100%
	园区绿化覆盖率/%	33	40	45
	废弃物处理能力		污水处理 10 万吨/天； 固废 100%集中处理	污水处理 20 万吨/天； 固废 100%集中处理

7.3 主 要 任 务

7.3.1 建设产业低碳化发展平台

以增加附加值为核心，积极推进传统优势产业低碳化改造，大力培育和发展现代服务业和低碳化的战略性新兴产业。严格投资项目审核管理，坚决淘汰落后产能和落后用能设备。促进在外温州商人回归投资发展低碳产业。

1. 调整产业结构

1）严格产业准入

继续实施重点行业准入标准，遏制产能过剩行业盲目扩张，严格控制高耗能、高排放产业发展，停止审批、核准、备案"两高"和产能过剩行业扩大产能项目，鼓励企业将传统制造环节有序转出。将二氧化碳纳入二氧化硫、氮氧化合物等污染物排放是否符合总量控制要求，作为建设项目环境影响评价审批的前置条件。

2）培育低碳新兴产业

积极培育先进装备制造业、新能源、新材料和节能环保等战略性新兴产业。重点发展光伏发电、LED、智能电网装备、新能源汽车装备等行业。加快实施 80 兆瓦分布式光伏发电示范项目、中电温州电子信息产业园项目、经开区环保产业基地建设项目以及滨海时尚轻工园区和海城水暖洁具产业基地项目。到 2020 年，战略性新兴产业产值达 120 亿元，占全区工业总产值比重的 40%以上。

3）发展现代服务业

大力发展金融、电子商务、商贸物流、总部和商务服务、科技信息服务等现代服务业；建设低碳物流园区，加快实施顺丰电商产业园项目，提高园区产出率；努力吸引跨国公司地区总部和国内大企业总部入驻园区，突出对园区发展的拉动效应。到 2020 年，服务业增加值占 GDP 比重达到 30%。

2. 推进低碳生产

1）淘汰落后产能

开展淘汰落后生产能力和高耗能重污染行业整治提升行动，按照《浙江省淘汰落后产能规划（2013-2017 年）》和温州市相关淘汰计划，全面完成合成革、电镀、造纸、钢铁等行业落后产能淘汰任务。建立和完善落后产能退出机制，定期公告需淘汰的落后产能、落后工业设备、淘汰时限及企业名单，确保在 2020 年前，全面完成淘汰落后产能任务。

2）推进清洁生产

推动企业开展原材料资源、废物的源头减量，全面实施清洁生产工艺、机器换人、电机提效的升级改造和用电系统改造、煤改气、工艺流程再造等技术改造项目。在能耗物耗较大，热电、装备制造等碳排放重点行业全面实施强制性清洁生产审核。到 2020 年，重点企业清洁生产实施率达到 100%。

3）加强废弃物综合利用

建设园区一体化资源回收中心，通过搭建废物交易信息平台，促进工业固废的交换和资源再利用，提高固体废弃物回收率。继续推进资源综合利用产业，发展一批废旧电器、废旧轮胎处理、废弃塑料、废金属材料等综合利用、再制造及运营服务企业。2020 年前滨海园区建成第五垃圾转运站和废物交易平台。

3. 推广低碳技术

1）强化产业技术创新

大力发展电动特种汽车整车、发动机等关键零部件制造业，把园区打造成为省级的电动特种汽车制造基地、销售中心与技术服务中心；加快发展太阳能光伏利用技术及装备制造业，着力打造集太阳能电池、组件制造、LED 照明、系统设计、安装与维护为一体的综合服务基地；重点引进低碳设备制造业，特别是节能电机、调速离合器等变频设备、智能电器、风机、水泵等高效机电产品与系统设备制造企业。

2）推广低碳节能产品

提高低碳产品的市场占有率，加大节能低碳产品的使用规模。前期通过政府补贴生产企业的方式引导企业生产低碳产品，逐步建立低碳产品政府采购制度，将低碳认证产品列入政府采购清单，完善强制采购和优先采购制度，如市政道路照明优先选用 LED 路灯、太阳能路灯及风光互补路灯；新建公共建筑必须选用节能环保空调，在办公楼和宾馆促进智能家居系统和产品的示范应用等。

3）鼓励低碳技术研发

依托园区内科技孵化创业中心、浙江大学-开发区技术转移中心、中国（温州）知识产权维权援助中心瓯海分中心、哈尔滨工业大学-开发区科技成果转化中心等一批公共创新平台，创建海洋科技创新园，鼓励研发和引进清洁生产技术、节能减排技术、蓄电蓄热技术、取碳和储碳技术等；并搭建园区低碳技术转移平台，建立低碳技术和产业孵化基地，打造区域性低碳技术研发推广中心。

7.3.2 建设能源低碳化发展平台

加快开发太阳能等非化石能源，积极推广利用天然气。大力推进电力能源供应洁净化和智能化、供热集中化和节约化，加强节能减碳技术开发应用，提高能源利用效率。

1. 调整能源结构

1）控制燃煤消费总量

制定煤炭消费总量控制方案，严格控制新建、扩建、改建项目的煤炭消费增长量，以总量定项目，以总量定产能。除热电联产外，新建项目禁止配套建设自备燃煤电站，耗煤项目要实行煤炭减量替代，禁止审批国家禁止的新建燃煤发电项目。到 2020 年，煤炭总量消费得到有效控制。

2）创建"高污染燃料禁燃区"

建成高污染燃料禁燃区，禁燃区内不再审批高污染燃料工业锅炉，已建成的使用高污染燃料的各类设施限期拆除或改用管道天然气、液化石油气、管道煤气、电或其他清洁能源。

3）发展清洁能源

制定天然气开发利用方案，结合"十三五"天然气管网重点项目，加强加气站等天然气基础设施建设。2020 年底前，实现供气管网全覆盖。加快推进风电、太阳能、生物质能等再生能源利用，到 2020 年底前，可再生能源消费总量占全区能源消费总量的比重达到 6% 以上。实施低硫、低灰分配煤工程，推进煤炭清洁化利用，洁净煤使用率达到 95% 以上。

2. 建设园区智能微电网

1）促进太阳能综合利用

以实施园区 80 兆瓦分布式光伏发电启动项目为契机，选择部分可利用建筑面积大、电网接入条件好、电力需求集中的重型工业厂房建设太阳能光伏电站。推动太阳能热水器、太阳能地热供暖等在职工宿舍、社区、宾馆等集体用户的大面积应用。

2）加快智能电网建设

实行配网"调控一体"管理模式，推进配网调度集约化、精细化管理，进一步降低线损率，提高配电能效水平。探索开展金海园区智能电网综合示范，实现园区微电网信息的高度集成和共享、能源资源的合理配置，提高能效，降低运行维护成本。到 2020 年，园区工业综合能效比 2010 年提高 10%。

3. 推动园区集中供热

制定园区集中供热方案，加快工业锅炉节能改造，积极推进"一区一热源"工程建设，发展以热电联产集中供热为主导的供热方式，推广长输热网技术，扩大供热半径，提高输热能力。加快推进园区污泥综合利用热电联产项目建设及配套热网建设，全面实现集中供热。热网覆盖区域内分散燃煤锅炉全面淘汰。2020 年底前基本淘汰 30 蒸吨/小时以下的燃煤锅炉，基本完成燃煤锅炉、窑炉的天然气改造任务，在供热供气管网不能覆盖的区域，改用电或其他新能源。

7.3.3 建设低碳金融发展平台

以温州市金融综合改革试验区为契机，充分发挥市场机制在控碳方面的作用，积极探索碳排放总量控制路径，完善体制机制，积极推进碳排放交易；充分发挥温州民间资本雄厚优势，开展低碳领域金融创新，发展低碳产业投资基金，探索低碳产业多元化融资模式。

1. 创新低碳金融产品

鼓励金融机构创新发起低碳证券、低碳保险、低碳基金、低碳理财产品、低碳衍生工具等低碳金融产品，开辟低碳贷款"绿色通道"，探索企业碳资产质押融资。

引导低碳示范企业经股份制改造规范后，进入主板、创业板、新三板以及区域性股权交易平台等资本市场进行直接融资；有条件的低碳行业企业可以通过银行间债券市场、交易所债券市场等公开发行债券进行直接融资。积极引入国内外优质券商、会计师事务所等中介机构为企业的直接融资做好服务。

2. 发展低碳产业投资基金

探索设立低碳产业投资基金，在温州市创业投资引导基金中发起设立专门针对低碳产业企业的创业投资基金，带动资本市场成立更多的低碳投资基金，扶持一批拥有创新性低碳技术的科技型企业和低碳技术创新平台。

3. 推动企业参与碳排放交易

在全市温室气体排放清单编制的基础上，研究确定园区首批纳入控制碳排放总量的重点行业企业，并发放碳排放权配额。鼓励企业借助国内碳排放权交易平台，通过配额交易获得经济收益或排放权益。积极推动园区机构、企业参与国家温室气体自愿减排交易。

7.3.4 建设低碳管理平台

围绕低碳园区建设的总体目标，健全推进低碳发展的体制机制，探索建立低碳产业园区的项目入园"碳筛选"、低碳认证、统计核算的一系列制度，在低碳金融、低碳能源、低碳建筑、低碳交通、碳汇发展等领域深入开展体制机制和政策研究，有效加强园区的碳管理能力。

1. 健全园区碳管理制度

制定实施低碳产业示范园区管理办法，包括制定适合园区特点的低碳产业示范园区实施方案，完善入园条件与管理流程，对入园企业进行"碳筛选"，严格限制碳排放强度大、能耗高的产业项目入园。开辟招商引资项目审批服务绿色通道，引导在外温州商人回乡发展战略性新兴产业、现代服务业、循环经济和低碳产业。

2. 建立园区碳排放数据管理体系

在对园区碳源和碳汇现状调查摸底的基础上，编制年度碳排放清单。明确园区碳排放的系统边界和内部结构，综合考虑能源消耗、工业生产、物质材料消耗、仪器设备投入、废弃物处理处置、景观绿化等过程，建立园区碳排放核算方法，梳理园区全生命周期碳排放行为。

加强企业碳排放的统计、监测、报告和核查体系建设，建立完善企业碳排放数据管理和分析系统，挖掘碳减排潜力。建立企业碳报告制度，为未来推进碳交易做好基础工作，同时加强企业低碳意识，强化碳排放管理。

3. 开展企业碳管理能力建设

针对园区管理层和企业负责人，开展园区企业温室气体排放报告能力建设、应对气候变化和低碳发展基础知识培训和宣传教育活动，提升园区管理人员和园区企业高管对应对气候变化和低碳发展工作的认知水平。

在园区企业内推行低碳产品认证制度，促进企业优化生产过程，减少能源、资源消耗，降低生产成本；同时增加企业获得绿色信贷、优惠信贷和保险政策的机会，取得显著的经济效益。

4. 开展低碳宣传活动

出台鼓励政策并提供资金，引导社会公众和公益组织开展或参与低碳园区创建活动，开展低碳健康生活"进千村进万户"行动和全民健身活动，倡导合理膳食，传播低碳健康生活知识，形成低碳健康生活方式，提高全民健康素质。

5. 建设碳排放信息管理平台

通过建设碳排放信息管理平台，为园区低碳发展提供支持和引导，主要包括园区碳排放信息管理模块、节能减排降碳绩效评价模块，以及废弃物综合交换信息模块。平台包括四大功能：一是支撑园区碳排放清单编制；二是企业碳排放相关数据的收集和核算；三是项目碳排放评估；四是园区碳排放预测分析。

7.3.5 建设基础设施低碳化发展平台

1. 构建低碳交通体系

1）推进道路建设

在对内交通方面，以市政基础设施建设为重点，全面铺开天成片路网建设，尽快完成丁山片路网建设。加快滨海三道、纬十一路等"两纵八横"区街道路连通工程建设。在对外交通方面，抓好大罗山环线开发段、金海交通客运中心工程等区际交通工程建设，协助做好沈海高速（复线）开发区段及轻轨 S2 线建设，尽快构建现代化交通体系。

2）发展绿色交通

采取财政补贴等措施，大力推广清洁能源汽车，公交、环卫等行业和政府机关要率先使用天然气等新能源汽车，每年新增或更新的公交车中新能源和清洁燃料车的比例达到 50%以上，在营运公交车每年完成清洁能源改造的 10%左右。

3）实施道路畅通工程

优先发展大容量的城市公共交通，加强步行道、自行车交通系统建设。改善居民步行、自行车出行环境，鼓励居民选择低碳、绿色出行方式；加快公共自行车系统建设，到 2020 年城区公共交通出行分担率（不含步行）达到 40%以上。加快推进 ETC 工程等措施，降低机动车使用强度，促进道路畅通。探索机动车总量控制制度，有效抑制机动车保有量增长速度，力争城市机动车总运行时间削减 20%左右。

2. 加强废弃物循环利用

1）完善固体废弃物处理

完善园区垃圾分类收集、运输和处置体系，推进废弃物回收和循环利用，完善再生资源回收、加工和利用体系，提高工业废渣、电厂脱硫灰渣的综合利用能力，加快实现资源化、减量化、无害化处理。生活垃圾和一般工业废物全部送往温州永强垃圾焚烧发电厂集中处理，园区危险废物以合成革废渣残液为特征污染源，统一送往温州市合成革危险废物无害化处置中心处理。

2）加强污水和工业废水处理

完善园区污水管网和处理设施，加强工业废水，特别是印染行业的废水回收利用。园区污水全部纳入第一、二污水处理厂处理，现投运的污水处理第一、二污水处理厂处理能力分别为 5 万吨/天、3 万吨/天，出水水质标准达到国家《城镇污水处理厂污染物排放标准》（GB18918—2002）一级标准的 A 标准。

3. 强化建筑低碳发展

1）推进低碳建筑建设

制定出台《温州市人民政府关于加快推动绿色建筑发展的实施意见》，落实发展绿色建筑的政策措施，加大绿色建筑评价标识制度的推进力度。选择一批新建居住区、机构办公建筑及公共建筑，开展可再生能源与建筑一体化应用示范项目建设。到 2020 年，园区完成 10 万平方米以上的绿色建筑示范工程和 20 万平方米以上的地源（水源、空气源）热泵应用示范工程，12 层以下住宅太阳能热水应用率达 90%以上，力争申报建筑应用太阳能光电示范项目 2 万平方米、5 兆瓦以上。

2）推广低碳建筑技术

大力推广使用节能、低碳、环保型的新材料、新技术、新工艺和新设备，不断提高建筑节能水平。到 2020 年，新建民用建筑节能标准执行率保持在 98%以上，新型墙体材料建筑应用比例超过 85%。执行三步节能标准体系，节能率达到 65%。推动新建建筑由节能建筑向轻钢结构等绿色建筑转型升级，在新建区组织绿色建筑示范，到 2020 年新建公共建筑全部执行绿色建筑标准。在海创园、金海大厦、住宅项目中推广地源热泵空调、空气源太阳能热水器等节能技术。

4. 增加园区碳汇

重点推进绿化碳汇和湿地碳汇能力建设。加强道路绿化、滨河绿化、居住小区绿化、街头绿化，构建城乡一体化绿色网络，到 2020 年园区绿化覆盖率超过 45%。

7.4　园区创建效益分析

低碳园区建设是个系统工程，涉及产业结构调整、能源结构、管理方式和基础设施优化等多个方面，通过低碳发展，能有效提高园区发展效益、拓展发展空间、优化发展空间，对园区的可持续发展具有重要意义。由于目前尚未建立有关低碳发展的统计体系，故对经济效益、环境效益和社会效益三个方面进行粗略分析和简要估算。

7.4.1　经济效益分析

到 2020 年，园区将改造屋顶总面积约 100 万平方米，实现光伏发电系统全覆盖，装机容量达到 80 兆瓦，年可节约用电约 8750 万千瓦时，相当于节约 26250 吨标准煤，带动开发区以及温州地区相关产业链的发展，预计可增加销售收入 56000 万元。

采用合同能源管理模式对园区内 7106 盏路灯进行节能改造，预计总投资 1746 万元，可实现年节电 413.2 万千瓦时，折合 1239 吨标准煤，并可减少年维护费用 94.7 万元。

实施污泥焚烧综合利用热电联产工程，年供热 382.64 万吉焦、供电 2.54 亿千瓦时，年销售收入 36101 万元，年利润总额将达到 6214 万元。

7.4.2　环境效益分析

分布式光伏发电的应用可以部分替代传统化石能源，到 2020 年，预计可减少二氧化碳年排放约 9 万吨，减少二氧化硫年排放约 350 吨，环境效益明显。

2020 年底前所有燃煤锅炉和工业窑炉完成脱硫设施建设或改造，每年能够有效削减工业二氧化硫排放 557.5 吨以上。实施污泥焚烧综合利用热电联产工程，日处理废水处理厂污泥 1500 吨，年处理废水处理厂污泥 40.6 万吨，灰渣和脱硫、脱硝副产品综合利用，生产废水和生活污水处理后回用，实现水污染物和固废的"零排放"。

推进滨海与金海污水管网贯通、中水回用、污泥处理等建设，加快污水管网改造提升，2020 年实现片区污水管网全覆盖，截污纳管率、污水收集率、污水处理率达 100%，实现内河水质明显改善，黑河臭河基本消除。

7.4.3　社会效益分析

推进建设滨海园区二期市政工程、给排水工程建设，同时，推进金海园区整体开发、环金海湖核心区、金海湖公园、金海景观大道建设，做好金海园区与周边区域综合交通、市政基础设施、公共服务的规划衔接，使园区的功能、布局、城乡统筹和产业发展有机结合。

通过金海园区金海大厦、海洋科技创新园、人才公寓、医院、公共交通、学校、金海第一幼儿园等功能配套项目建设以及碧桂园商住地块开发，有效带动园区提升和街区改造，切实增强园区生活配套，将进一步提高园区的吸引力和凝聚力，辐射带动区域开发建设。

7.5 保 障 措 施

1. 有效加强组织保障

充分发挥领导小组的统筹协调作用，分解落实低碳工业园区示范的年度目标任务，不定期召开领导小组成员单位会议，协调解决建设低碳工业园区示范工作中的重大问题，加强重大项目的联席审议，切实推进低碳工业园区示范工作。将低碳园区示范的目标任务纳入区政府及有关部门政绩考核重点内容。

2. 有效加强政策和制度保障

总体上，梳理并贯彻落实国家低碳发展等方面的优惠政策，尽快出台《关于建设低碳工业园区的决定》，并以此为指导，研究制定建设低碳园区示范配套的财税、融资、技术创新等政策措施。在财税政策方面，用足用好国家、省级和市级层面支持发展高新技术产业、战略新兴产业发展、可再生能源的政策，探索建立区级层面的鼓励低碳发展政策。在用地方面，区内年度用地计划中优先保障低碳园区示范项目的建设用地，尤其要支持技术成熟先进、投资强度较大、带动作用较强的低碳发展重大项目的建设。在科技政策方面，鼓励在二氧化碳捕集利用和封存等低碳技术领域自主创新,优先列入市重大科技创新项目等各类科技计划。

3. 有效加强资金保障

区财政每年安排一定资金作为区低碳工业园区建设专项资金，并出台《温州经济技术开发区低碳发展专项资金管理办法》。专项资金主要用于低碳发展能力体系建设，产业集聚区补助，低碳产业、低碳技术、低碳建筑等示范创建奖励，配套国家关于应对气候变化和低碳园区发展及相关节能、节水、节材、资源综合利用和循环经济等方面扶持等。加大政府采购支持力度，优先采购低碳标识产品。鼓励银行等金融机构加大对低碳项目、低碳企业的信贷投放力度，推出符合绿色低碳特点的金融产品，切实降低相关企业融资成本。

4. 有效加强科技和人才支撑

组织气候变化、环保、工业、科技、规划等领域的专家，成立低碳工业园区示范工作专家小组，对低碳园区建设给予指导。依托园区海洋科技创新园等创新服务平台，加强与省内外高校、国家级科研院所等机构合作，搭建一批新的低碳科研平台，着力于低碳技术领域关键技术的研发，加快低碳技术成果的推广应用。密切跟踪低碳领域技术进步最新进展，积极推动技术引进消化吸收再创新或与国外的科研机构联合研发。制定并落实人才政策，积极吸引国内外的领军企业、高端人才、科研机构来开发区发展低碳产业。加强低碳人才的培养，加强本地职业院校低碳领域学科建设，增设与低碳发展、低碳技术相关的新专业，加快培养相关专业人才。

5. 有效加强宣传引导

开展低碳企业、低碳产品示范创建活动，加强示范推广。通过举办低碳活动、发放宣传材料、电视报纸等多种形式，加强对温州市经济开发区建设低碳工业园区的宣传造势，营造良好的舆论环境，引导全区广泛参与低碳园区建设。推进低碳工业园区建设能力建设项目，面向园区管理层、重点企业开展内容丰富、形式多样的低碳培训，有效提高园区管理人员、企业负责人的低碳发展理念。

第 8 章

温州市郭公山低碳社区建设方案研究

8.1 创 建 基 础

8.1.1 基本情况

温州市鹿城区松台街道郭公山社区位于温州市中心西北部，东至信河街，南至百里西路，西至勤奋河，北至江心屿。辖区占地面积 160 万平方米，常住居民有 4459 户，总人口 13037 人。社区现有绿地面积达到 84 万平方米，人均绿地面积 64 平方米。2015 年先后获得浙江省低碳试点社区、温州市四星级幸福社区、温州市鹿城区创建国家卫生城市先进单位、鹿城区低碳社区等荣誉称号。

8.1.2 基础设施

郭公山社区地处中心城区，主次干道交错，交通便利，出行道路通畅。区内拥有两路公交车，规划公共自行车租赁点 3 处，居民出行主要采取公共交通工具、自行车、电动车、步行等低碳出行方式；社区包括工会大厦、金潮大厦、丽江花苑、麻行小区、双桂小区、中梁印象锦园等 10 个住宅小区，共有住宅、写字楼 58 幢。社区功能完善，单位众多，商贸气息浓郁，有温州市工人文化宫、温州市百里路小学等事业单位，还有江心海景大酒店、全都影院等多家商贸单位，以及中国工商银行、中国建设银行、温州银行、杭州银行等多家金融单位；绿化方面，社区通过乔、灌、草合理配置，点、线、面有机结合，在区域内进行植物绿化，局部地区进行植物造景，充分利用绿化带隔声减噪，满足居民休闲和身心健康需求。

8.1.3 资源消耗

社区目前能源消耗主要是公共设施、居民生活的用电、用水等。2014 年全社区范围内用电消耗 775.3 万千瓦时，产生间接二氧化碳排放量为 5454236 吨。全区用水消耗达 953975.4 吨。垃圾产生量 13402.2 吨，甲烷排放量 429.4 吨，折算成二氧化碳为 9017.54 吨当量。经统计，2014 年社区电、水、油等能源资源消耗总体呈现下降的态势。

8.1.4 工作基础

1）组织领导完善

目前郭公山社区已成立由街道党工委副书记担任组长，郭公山街道办事处副主任、社区书记、主任担任副组长，街道社区党支部委员会和社区居委会两委委员为成员的郭公山社区低碳社区试点创建工作领导小组。通过统筹协调和管理低碳社区建设工作，加强各成员间协调配合，充分发挥各成员积极性和主观能动性，形成合力，推动试点工作深入开展。

2）低碳产品得以普及

近年来，社区把低碳环保作为一项惠民工程，大力推广社区居民使用 LED 灯、清洁炉灶等节能新器具，鼓励居民使用太阳能等清洁能源。封闭小区内住户多数使用太阳能和空气能，进一步促进清洁能源循环利用。目前社区居民出行基本采取耗能低、排碳少的出行方式，以自行车、电动车、公交、步行等为主，以减少因出行产生的碳排放量。

3）低碳理念广泛宣传

社区广泛宣传倡导低碳生活理念，引导社区商铺、居民争做低碳生活的先行者，区内低碳环保宣传教育活动丰富，气氛浓烈。利用宣传栏、标语、短信、横幅等宣传低碳生活，激起居民绿色低碳意识；通过会议、讲座等形式，宣传讲解低碳环保知识，提升社区居民低碳生活理念；围绕"4·7 生态日""6·5 世界环境日"积极参与生态建设为主题的文艺会演等活动，激发社区居民参与低碳环保行动的热情。社区建有便民服务平台，为社区居民提供方便、快捷、优质的便民和政务服务，促进和谐低碳家园建设。

8.1.5 减碳潜力及存在问题

1. 统计体系有待健全

郭公山社区尚未建立专门的碳排放统计核算体系，社区范围内电力消耗、垃圾产生量及生活污水产生量等重要碳核算指标均无官方准确统计数据，对于地方碳盘查以及碳分析等增加了较多难度及不确定性。下一步将着力夯实数据基础，建立健全的碳排放统计核算体系。细化统计分类标准，建立健全涵盖电力消费、煤炭消费、汽柴油消费、天然气消费等一系列能源领域消费数据及垃圾产生量、生活污水等废弃物领域数据；建立温室气体排放数据信息管理系统，加强对碳排放核算工作，为社区低碳发展提供数据支撑。

2. 建筑节能存在较大潜力

社区大部分建筑年限较早，没有按照节能建筑标准执行，未进行相应的门窗、外墙等节能建筑改造。因此在公共建筑上，社区可积极采取更换节能门窗、增设外遮阳、改善建筑通风等低成本改造措施，以及空调、照明系统等高能耗系统进行节能改造。在居民建筑上，可采取集中成片改造、单栋房屋改造和单户居民改造等方式，结合旧城改造、环境综合整治及住宅平改坡、维修加固，重点对建筑外门窗、建筑遮阳、建筑屋面及外墙进行节能改造。

3. 公共照明存在节能空间

目前社区住户在节能灯方面使用较高，但公共领域的 LED 灯、节能灯使用率相对较低，存在一定的提升空间。因此，社区可在区主次干道及支路、公共场所、公共建筑等进行 LED、节能照明新产品与新设备、智能控制、照明配套产品等安装，实现全区公共照明统一智能调控，以减低能源消耗，达到区内资源优化配置，加快推进社区绿色低碳建设。

4. 能力建设有待加强

创建郭公山低碳社区，促进社区低碳发展，不仅是社区的责任，也是社区内的单位、居民的责任，更是鹿城区政府的责任。社区管理机构人少事多、经费有限，社区低碳发展主要依靠的还是自身力量，没有充分发挥社区内机构、居民小区的力量，也没有发挥相关政府部门的力量。下一步将大力发展志愿者体系，在社区志愿者服务站的基础上，落实专人负责低碳工作，在小区范围内招募志愿者，推进志愿者的服务行动，发展社区低碳事业。同时将社区低碳创建工作纳入鹿城区的重点工作，相关部门要有专人参加，要发挥好社区优势，大力推进社区的低碳发展和建设，实现经济、社会和生态效益的多赢。

8.2 低碳社区实施目标

深入贯彻落实科学发展观，按照建设资源节约型、环境友好型社会的要求，以培植低碳生态社区、增强可持续发展能力为目标，加强科技创新、加大低碳知识普及，增强社区居民节能减碳意识，促进居民群众生活方式转变，提高社区物质文明、精神文明、生态文明建设水准，探索一条居民以低碳生活为行为特征、家庭以节能减碳为绿色消费、社会以生态环境为建设特点的低碳社区发展之路，为全市低碳发展探索经验并发挥示范作用。

根据国家《低碳社区试点建设指南》要求，并结合社区发展实际，至 2020 年，社区公交分担率达到 60%以上，垃圾分类收集率达到 30%以上，资源化利用率达到 50%以上，建筑节能达到 65%以上，基本实现社区内居民在衣、食、住、用、行等各方面践行低碳理念。

近三年内，建筑节能达 60%以上，社区范围内电耗总量下降 6%以上。建立起有专门低碳生活交流场地。初步建立起碳排放统计核算体系、碳排放管理体系等有利于低碳发展的体制机制，社区低碳发展取得初步成效，低碳生活方式和消费模式理念成为全区的广泛共识，生态环境进一步改善。

8.3 主 要 任 务

8.3.1 加强公共设施节能

1. 适时开展建筑节能改造

在住房和城乡建设局、供电局及科学技术局的支持下，对社区辖区内的机关事业单位办公场所、宾馆、超市、学校、公寓等既有建筑，分阶段分步骤有计划地进行外门窗、遮阳、外墙、空调系统、照明及供电设备、生活热水等节能改造。外窗可采用换玻璃、包覆窗框、双层窗和换整窗的方法,在降低室内噪声的同时,满足室内通风换气的要求;遮阳改造可设置外窗遮阳或玻璃贴膜/涂膜;外墙节能改造宜采用浅色饰面材料及热反射隔热涂料;室内照明可采用紧凑型荧光灯、T8荧光灯、金属卤化物灯等;热水供应系统改造优先采用太阳能热水系统或空气源热泵热水器,设置供水温度可调的温度自控装置。

2. 积极推进公共照明节能改造

全区公共照明部分现有约 198 盏节能路灯及绿地灯,在公共照明节能上仍有较大的改造空间。下一步将在科学技术局、供电局等部门的支持下,加快推进照明系统节能改造,在全区范围内推广使用节能型照明灯具;公共区域的照明系统全部实现远程智能控制,实现对任意一盏、一路或任意自定义组的路灯进行开关灯、调光,减轻路灯维护的劳动强度,减少维护费用的支出,提高用能效率和能耗管理水平。

8.3.2   大力培养低碳行为

1. 继续完善和推广社区服务平台

充分利用现代信息手段,加强智慧社区建设,进一步完善和推广居民出行、出游、购物、旧物处置等生活信息电子化智能社区服务平台,实现社区管理低碳化。

2. 继续推广节能器具和电器

倡导并广泛推广社区居民使用太阳能热水器、太阳能照明、热泵等节能、节水、节材型产品和技术,积极推行 LED 灯、节能灯改造,尽可能使用可重复利用和可再生的材料。加大对居民低碳理念和节能减排宣传和引导,培养居民适度消费和可持续消费的意识,引导人们在日常生活的各个方面做好节能减排。

3. 开展低碳家庭创建,建立家庭低碳档案

家庭是社会的细胞,创建低碳家庭是实现低碳社区的基础。要以"最美绿色家庭"等评选为载体,设计消费、减碳、节能等相关考评指标,在社区家庭中广泛开展节水、节电、节气、节油、回收等低碳实践活动,更新转变居民消费、出行观念，不断增强居民节能减碳、绿色环保意识。建立家庭低碳档案，核算每月家庭减少的碳排放量。指导居民从节水、节电、节气、节油、回收 5 个环节来改变生活细节，记录使用节能灯、绿色出行、循环使用生活用水等随手可做的良好节能生活习惯，使低碳生活成为一种生活态度。

4. 印制低碳手册

依托郭公山社区志愿者服务站，印制低碳宣传册，定期发放，向居民宣传环保知识和科普文化，提倡节约用水，家电低碳使用，倡导清洁炉灶、低碳烹饪、健康饮食、减少食品浪费，提倡使用节能灯具，提倡并推行废弃物分类处置和回收再利用，实行垃圾无害化处置。

8.3.3　全力打造低碳管理

1. 建立社区碳排放管理台账制度

结合社区实际情况，明确碳排放统计核算对象和范围，建立社区碳排放统计调查制度和社区碳排放信息管理台账制度，按照社区碳排放核算相关方法学，分类别分年度统计区内用能、用电、用水、垃圾排放等一系列数据，为碳排放测算提供数据基础。

2. 完善推进机制

强化郭公山社区低碳社区试点创建工作小组职能，积极争取有关政策和资金，构建社区低碳建设评价指标和标准，推进社区试点工作的深入发展，实现社区经济效益、社会效益和生态效益的多赢。

8.3.4　适时应用低碳技术

节能低碳技术的推广应用，对实现社区节能低碳绿色发展，确保完成节能约束性目标起到积极作用。为继续发挥节能低碳技术对节能降碳的支撑作用，应进一步完善节能低碳技术推广机制，在区科学技术局、供电局、经济商务局、住房和城乡建设局、环境保护局等有关单位的支持下，加大对重要节能低碳技术的推广应用和政策补贴。

社区能源方面，在宾馆、学校、住宅等大力发展热泵技术，促进节能减排；

社区公共建筑、家庭住宅统一推广分布式太阳能光伏系统；社区辖区内公共照明部分，采用 LED 灯、节能灯改造降低路灯功率，减少能耗。

社区水资源利用方面，在公园、道路隔离带等区域，进行绿地节水灌溉智能控制系统改造，提高灌溉水资源利用率，节约人力资源成本；面向住宅小区等进行雨水雨能资源综合利用；在宾馆、公共建筑、学校等区域，采用中水回用新技术；有条件的小区、学校宿舍推广节水器具，实现户内选择性节水，实现上下游排水循环再利用。

固体废弃物处理方面，产生医疗废弃物的单位，即区内卫生所，推广使用现场实时医疗废弃物处理及回收再利用设备，现场进行实时医疗垃圾无害化处理，避免二次污染；鼓励菜农进行净菜上市，减少垃圾产生量；菜市场、超市、学校、医院等非居民垃圾采用垃圾源头精细化分类、减量化处理和资源化再利用技术，提高垃圾资源化处理率；居民生活垃圾提倡生活垃圾资源化利用。餐厨垃圾采用餐厨垃圾检测技术及污染减排总量核算方法，为餐厨垃圾管理提供基础。

社区建筑节能方面，区内宾馆酒店、办公建筑推行暖通空调智能监测控制技术，对建筑进行能耗监测、能效诊断、节能控制改造和优化运行控制，以达到节能效果；学校教室推广新型直接/间接教室专用照明系统；在小区住宅、企事业办公楼应用新型建筑节能环保通风隔声窗，降低室内噪声；在公共照明和家庭住宅，推广使用高效节电照明技术，提高能效。

8.4 保 障 措 施

1. 加强组织领导，健全低碳社区创建工作机制

健全社区低碳创建领导小组，形成由社区主任担任组长，副主任担任副组长，驻社区单位和居民代表为成员的组织机构，明确职责分工，设立低碳社区创建小组管理员、组织员、宣传员、信息员等岗位。并从社区实际出发，制定低碳社区建设分阶段的任务、目标，为低碳创建工作提供强有力的组织保证。

2. 加强组织实施

将社区低碳试点建设纳入社区目标管理，纳入街道一把手工程，加强组织协调和领导。充分发挥社区的组织、协调功能，联动社区居民，积极解决低碳社区建设过程中的问题，协调各方关系，争取项目资金，重点支持公益性低碳项目建设，使全区范围内形成集中各方面力量支持郭公山低碳社区建设的局面，加大落实工作计划的实施力度。

3. 加大资金投入

建立多元化的资金筹集渠道，进一步加大对社区建设的投入，切实落实社区工作者补贴、低碳发展建设经费等，为社区开展工作创造必要条件。加强财政投入，建立财政保障机制，设立专项资金，列入区级财政预算，并根据区财政增长状况逐年增加，确保经费落实到位；发挥市场作用，积极发动有能力的企业投资建设社区低碳绿色服务设施。

4. 加强宣传推广

集中组织"低碳生活基本知识"宣传活动。建立低碳微信公众平台，利用网络向居民即时传递低碳活动信息，并将活动开展情况以图文形式在微信公众平台上及时发布。就"低碳生活全民行动"的相关知识，作为科普宣传重点，集中在社区和辖区单位、小区、广场，利用宣传栏开展各项宣传活动，依托社区科普教育基地和社区分校，邀请环保巡访讲师团开展低碳生活讲座等活动，让低碳生活常识普及到辖区单位和家庭。

第 9 章

温州市金融中心提升低碳金融服务能力研究

9.1 低碳金融发展背景

9.1.1 低碳金融的演变历程

温室气体排放是引致气候变化的主要原因已是不争的事实，为避免气候变化所带来的不利影响，低碳发展将成为各国未来发展的一种必然趋势。低碳发展的核心是通过培育低碳产业，从经济社会的方方面面引导各类组织及个人进行低碳化生产与生活行为；提倡通过技术进步提高能源使用效率与清洁能源使用比重来减少温室气体排放。不论是实体产业的转型与培育，还是技术进步及能源结构与效率的改善，均与金融支持息息相关。

随着国际环境气候问题的日益突出，金融体系被越来越多地要求参与到解决环境资源的问题中来。特别是在 IPCC 提出三种国际碳减排机制后，金融部门开始主动转变过去与环境相分离的经济行为，开始在碳信贷及碳交易方面积极涉足，为低碳项目融通资金，为碳交易搭建平台，逐渐演变成为推进节能低碳的重要力量。通过不断的金融创新，低碳领域内的金融功能得到不断的完善，低碳金融逐步发展。

低碳金融现已发展成为控制温室气体排放、缓解气候变暖所实施的包括低碳项目投融资、碳权及其衍生产品交易和其他相关金融服务在内的一系列金融解决方案，是在金融制度安排中心、金融发展目标、创新能力要求等方面有别于传统金融的一种新型金融体系。加强金融创新，提升金融对低碳发展的服务与支持能力是低碳发展的重要前提（图 9.1）。

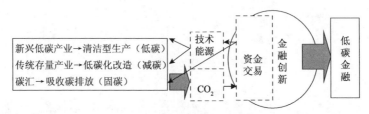

图 9.1　低碳金融发展内涵

9.1.2　金融参与低碳发展的理论分析

1. 金融资本与低碳产业资金的关系

低碳产业的投资与经营需要巨额的资金投入，低碳产业投入资金不足，是制约低碳产业发展的关键限制因素。低碳领域内的金融资本供给短缺是低碳发展的最大阻碍，可由两方面进行展开论述：一方面是基于低碳产业部门产业资金形成缺口的传递机理；另一方面是基于金融部门金融效率的传递机理。由于低碳企业所能依靠的自有资本数量有限，当金融资本供给不足时，会对低碳产业资金形成制造障碍，继而引发稀缺金融资本的不均衡配置。金融资本倾向于流入传统高耗能、高排放产业，而非更具效率的低耗能、低排放产业，因而金融运行效率无法提高。低碳产业部门由于得不到有效的资本供给，低碳投资规模和深度得不到兑现，因而低碳发展目标无法实现（图 9.2）。

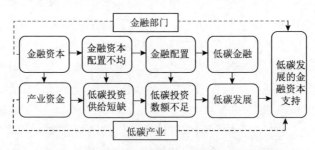

图 9.2　金融资本支持低碳发展的内在逻辑

因此，改善低碳产业资金供给不足现象，加大金融部门对低碳产业资金的供给是低碳产业部门发展的首要条件之一。只有当低碳产业资金实现了充分供给，才能有后续的金融资本的优化配置以及金融运行效率的提升。因此，金融资本支持低碳发展的重要内在逻辑为提升资本形成规模、完善资本配置结构、提高资本运行效率，从而有效激发低碳产业发展的融资需求与投资规模。

2. 市场机制与环境负外部性的关系

在传统经济增长模式中，环境被视为外生变量，即在投入一定条件下，人们所关注的主要是经济产出，而对整个社会所承受的环境负外部性不做过多考虑。由于不需对环境损害支付代价，容易造成片面追求经济利益而忽视环境破坏的不利后果，这种扭曲成本与收益的关系，市场无效率甚至失灵。环境负外部性如果长期得不到有效遏制与扭转，经济发展所赖以存在的环境将持续恶化。

低碳发展旨在减少以二氧化碳为主的温室气体排放，通过制度创新和市场机制建设，将环境变量由经济增长的外生因素转化为内生因素，将排放在市场之外的二氧化碳纳入市场内，使得环境负外部性内部化。碳排放权作为一种全新的金融标的物，通过建立碳排放权市场交易制度，可在市场中实现自由流动。碳排放企业能够在自身配额基础上，从公平市场上买卖碳排放权，使企业对其产生的过量碳排放支付代价，从而获得降低碳排放的直接动力。市场交易机制为环境负外部性提供解决方法，并形成以低碳经济为标志的经济增长新模式（图 9.3）。

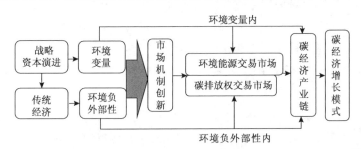

图 9.3　市场机制下的环境负外部性内部化过程

3. 金融创新与企业避险需求的关系

随着低碳发展的不断深化，特别是碳权交易的逐步推进，越来越多的低碳金融需求被激发，如不能满足企业日益增长的低碳领域内的金融避险需求，随着金融避险需求与金融避险供给之间缺口的逐渐扩大，会严重影响低碳发展的进度与效果。金融资本在进入低碳产业后，如其产业高风险未能被相应的金融避险工具所分散，将使低碳生产过程中的潜在风险有机会对生产活动带来不利波动，使其提升环境生产效率的能力大打折扣。

此外，由于碳排放权具备一般商品物的性质，在生产活动中存在着现期与远期的价值变动，也会产生储备与交易的需要，以及转移经营活动中特殊风险的需求。因此，金融部门除了在低碳产业资金供给方面存在巨大作用外，多元化的金融原生工具、衍生工具的产生，以及不断的金融创新将为风险转嫁提供了重要的途径与手段，是低碳发展有序进行的重要保障。

9.2 温州低碳金融发展基础与必要性

9.2.1 低碳金融服务能力现状

1）成立碳汇基金，涉足低碳金融发展领域

中国绿色碳汇基金温州专项的成立，意味着温州开始涉足低碳金融领域。2008年11月，由政府牵线，政企共同募集1700多万元成立中国绿色碳汇基金温州专项，使温州成为全国首个建立碳汇基金专项的地级市；并于2009年3月在苍南种下3700多亩工业原材料树种和珍贵树木，建立中国绿色碳汇基金首个标准化造林基地，成为中国第一批专用于吸收二氧化碳的"碳汇林"。2011年5月，中国绿色碳汇基金会"碳汇研究院"落户温州市科技职业学院，为温州市碳汇事业发展提供更多智力支持。截止到2016年，温州碳汇专项基金共筹集碳汇资金7430多万元，在全市实施了32个碳汇项目，其中通过计量的27个项目预计将获得净碳汇量105.71万吨二氧化碳。

2）试水环境金融，挖掘低碳金融发展潜力

2014年4月，温州市人民银行和温州市环境保护局联合下发《温州市排污权抵押贷款管理暂行办法》，排污权抵押贷款正式开闸，成为试水环境金融的又一项创新业务。龙湾农村合作银行为温州旭辉铝业有限公司的两本排污权许可证开出47万元的抵押贷款，不仅利率参照优质房产抵押利率来执行，而且贷款额度为排污权估值的80%，高于房产抵押贷款70%的比例。算上之前兴业银行的两单排污权抵押贷款，温州头三单排污权抵押贷款业务，共贷出96万元银行贷款。企业用有偿取得的排污权作为抵押物，向银行申请抵押贷款，拓宽了企业融资渠道，也有助于推动节能减排。据市环境保护局信息显示，目前全市共有164家企业购买了排污权，涉及金额1390万元，排污权抵押贷款存在较大的发展空间。

9.2.2 提升低碳金融服务能力必要性

1）提升低碳金融服务能力是低碳城市试点建设的关键任务

温州市于2012年获国家发展和改革委员会批准，成为第二批低碳城市试点，并于 2013 年获批《温州市低碳城市试点工作实施方案》（以下简称《实施方案》）。《实施方案》提出"结合温州市金融综合改革试验区建设，充分发挥温州民间资本雄厚优势，以温州市金融中心为依托，开展低碳领域金融创新，提升低碳金融服务低碳产业发展的能力"的具体要求。根据《实施方案》部署，温州市规划了"十二五"和"十三五"期间在战略新兴产业、能源结构、建筑交通等领域的 48 个重点建设项目，总投资金额达 4150 亿元。在未来低碳城市建设过程中，必然肩负着生产排放端控制和排放吸收端扩张的双重任务，不断深化金融体制创新，提升低碳金融服务能力，特别是强化温州市低碳城市试点建设中资金保障机制，是温州低碳试点城市建设、推进低碳发展的关键任务之一，也是最迫切的低碳金融需求之一。

2）提升低碳金融服务能力是金融改革试验区的重要突破口

国务院于 2013 年决定设立温州市金融综合改革试验区，要求温州市先行先试，引导和规范民间融资、创新发展金融产品与服务。紧扣温州市金融改革方向，探索构建将民间资本引入低碳实体产业的碳金融模式，为解决当前温州面临的民间资本多、投资渠道窄、企业资金需求大但融资难的困境提供有效方法。随着全国碳交易市场试点的逐步推广和市场规模的不断扩大，以及碳排放企业对碳金融产品和成熟碳金融模式需求的逐渐增长，对低碳金融产品和服务进行创新研发与应用，不断丰富金融市场层次和产品，提升相关低碳金融服务能力，以对接全国碳市场带来的发展机遇，是温州金融改革工作的重要突破口。

3）提升低碳金融服务能力是经济转型结构调整的强大动力

当前，温州产业转型升级进入关键时期，产业垂直分工、服务外置化、企业金融支持等趋势明显。由高耗能高排放的经济增长模式向集约型的低碳经济增长模式转型、由温州制造向温州创造转变的过程中，对创新低碳金融服务能力提出了更高的要求。社会化大生产条件下的资本运动规律表明，低能耗高效率的低碳产业发展，其资本循环过程需要有足够多的金融资本来参与实现，并需要更多的金融创新功能来管理风险暴露。通过金融集聚区建设，创造良好投融资环境，引导民间资本有序支持实体经济发展，建立完善金融支持体系，提升低碳金融服务能力是促进温州经济发展方式转变与产业转型升级的强大动力。

9.2.3　低碳金融服务发展潜力

1）金融基础夯实，业务创新破土

截至 2012 年，温州全市拥有银行业机构 25 家，证券机构 37 家，期货机构

15 家，保险机构 41 家，村镇银行 6 家，已开业的小额贷款公司 28 家，民间资本管理公司 2 家，担保公司、投资咨询公司、典当行等机构 1900 多家。各商业银行创新业务发展迅速，尤其是兴业银行、中信银行、平安银行、光大银行等全国性股份制商业银行，正致力于扩大中小企业集合票据、中期票据、私募债、融资租赁贷款、排污权抵押贷款等金融业务规模；积极创新授信形式，发展了针对行业协会的战略授信、专业市场的集中授信以及产业集群授信等模式。

专栏 1　浙商银行温州分行案例

2012 年 6 月 27 日，浙商银行促成了温州第一单私募债——江南阀门有限公司私募债的上交所备案；11 月，由浙商银行主承销的报喜鸟集团有限公司私募债在浙江股权交易中心挂牌发行，1 亿元资金募集到位，这也是该交易中心成功发行的第一单私募债券；同月，温州乐清市 2012 年度第一期中小企业集合票据发行，为慎江阀门有限公司和华仪电器集团有限公司募集资金 1.7 亿元，这是浙商银行 2012 年连续成功发行的第 6 单中小企业集合票据。

浙商银行温州分行在短短的 5 个月内，分别为 4 家中小企业发行了 3 单企业债券，成为温州中小企业提供直接融资金融服务最多的银行，也为本地中小企业的发展从温州市场之外引入了增量资金。

2）民间资本充裕，民资机构汇聚

改革开放以来，温州集聚了大量的民间资本。2012 年全市银行业金融机构人民币存款余额 7425.62 亿元，贷款余额 6839.37 亿元；金融业增加值为 356.25 亿元，占国内生产总值的 9.71%。据不完全统计，温州流动的民间资本达到 6000 亿元，并且每年以 14% 的速度快速增长。国务院于 2013 年决定设立温州市金融综合改革试验区，要求温州市先行先试，引导和规范民间融资、创新发展金融产品与服务。自温州金融改革以来，已累计引入超 200 亿元民间资本参股银行业、设立小贷公司、民间资本管理公司、中小企业票据服务公司、商业保理公司和农村资金互助会等，充分发挥了民营经济的优势，引导民营资本投身低碳发展。随着《温州市民间融资管理条例》的颁布，民间融资得到进一步的激活，实现民间资本与实体经济的有效对接。

3）金融中心平台启动建设

温州市金融中心，作为温州发展现代服务业的重点任务之一，是综合考虑本地民营经济发展优势和温州市金融综合改革试验区政策优势的重大发展战略。温州市金融中心，将作为承接低碳金融机构与人才汇聚、提升温州低碳金融服务能力的有效平台，能够最直接地影响到低碳金融体系的建立与低碳金融功能的发挥。温州金融集聚示范区，作为温州打造区域性金融中心的重点任务，也是浙江省三大金融集聚区和现代服务业集聚示范区之一，位于鹿城区滨江街道，为滨江商务区核心区块。规划面积 1237.5 亩①，建设内容包括金融总部楼、行业总部楼、综合大楼、配套服务功能等。示范区以"民间资金投资创新中心、中小企业金融服务中心"作为两大功能定位，以科技、生态为主题，实现绿色办公与金融服务、传统商务的有机结合，是本地金融机构总部，以及全国性乃至国际性金融机构入驻办公的良好平台（图 9.4）。

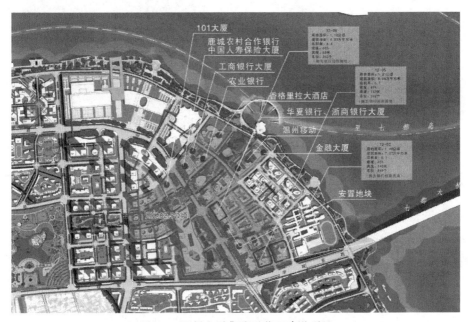

图 9.4 温州金融集聚示范区建设项目

9.3 温州低碳金融发展模式探索

从世界各国的低碳金融发展经验来看，可将低碳金融模式分为基于自主承诺的低碳金融模式和基于排放约束的低碳金融模式两种。是否具有法律性碳排放约束，是区别两种模式的重要界限。前者在没有法律排放约束下，主要通过政府政

---

① 1 亩 ≈ 666.67 平方米。

策引导和金融部门融资导向，以碳融资为核心，企业实施低碳化生产活动进行自主性减排；后者在法律排放约束条件下，除利用融资进行低碳投资外，企业须在配额基础上进行限量及减量排放，并以碳交易为核心，通过市场机制调剂排放指标余缺，主要包括《京都议定书》附件一中的国家。纵向来看，随着经济不断发展与市场条件逐步成熟，低碳金融发展模式将从基于自主承诺的低碳金融模式向基于排放约束的低碳金融模式转变（图 9.5）。

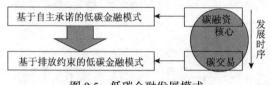

图 9.5　低碳金融发展模式

9.3.1　基于自主承诺的低碳金融模式

1. 模式内容

在没有进行碳排放量法律性约束情况下，通过政府政策引导，利用以"碳融资"为核心的低碳金融活动，增强企业和金融机构的风险及效率意识，实施"自主性"减排行为，实现环境和经济和谐发展，是基于自主承诺的低碳金融模式的基本内容。它是低碳金融的早期发展模式，会随着经济社会的发展，逐渐向基于排放约束的低碳金融模式转变。

金融机构和政府对金融及环境之间的发展关系达成共识，是基于自主承诺的低碳金融模式建立的基础。政府一方面利用低碳金融政策引导金融机构支持低碳企业发展，另一方面出台环境问责法规使金融机构高度关注和认真防范非环境友好类信贷所可能引起的经营风险。由于此阶段对于低碳金融的需求较少，因此金融活动需以供给引导为主、需求追随为辅的形式展开。

2. 参与主体

基于自主承诺的低碳金融模式下的参与主体主要有政府部门、金融机构和企业。

（1）由于此阶段没有制定法律性碳排放限额，所以政府部门需根据经济发展状况采用灵活的低碳金融策略，引导低碳产业发展，实现经济发展目标和低碳目标之间的动态平衡；

（2）金融机构则根据相关低碳金融政策开展相应的低碳金融业务，保障低碳产业发展所需的金融供给；

（3）低碳企业获得从事低碳产业的金融资本。

3. 运行机制

1）碳信贷

碳信贷是基于自主承诺的低碳金融模式的重要内容。通过成立专门的低碳发展银行，以及促使各类商业银行转型为低碳银行，使其根据环境经济政策和低碳产业政策，对研发和生产减排设施、从事生态保护与建设、开发和利用新能源的企业，提供贷款扶持并实施优惠利率；而对高能耗、高排放企业和新建项目实行贷款额度限制并实施惩罚性利率或拒绝放贷。

在风险可控前提下，要求金融机构创新发展低碳信贷产品，提供针对性服务。转变传统信贷项目偏重考察借款者信誉与资质的观念，发展项目融资、碳资产质押贷款、碳能效融资项目等新型碳信贷业务，利用项目运行所产生的现金流、收益及碳资产作为偿还贷款的资金来源，填补低碳产业资金需求缺口。提高金融机构信贷效率，在授权授信、不良贷款容忍度等方面给予政策倾斜。

专栏2　兴业银行案例

在国内的商业银行业中，兴业银行在低碳信贷的业务开展上走在前列。自2005年进入低碳金融领域，兴业银行率先于2008年10月在北京正式公开承诺采用"赤道原则"，并于2009年1月成立可持续金融的专门业务经营机构——可持续金融中心，并于2012年将可持续金融中心升级为总行一级部门——可持续金融部，负责全行能效金融、低碳金融、环境金融等领域的业务经营和产品营销。

兴业银行最早的低碳信贷业务创新是2006年与国际金融公司合作推出的能源效率融资项目，这使兴业银行成为国内首家推出能效贷款产品的商业银行。此后兴业银行对节能减排贷款进行了多次大胆创新，推出了多种新型产品模式，如项目企业直接融资模式、节能服务商模式、金融租赁模式等，覆盖了能源生产、能源输送、能源使用等各个环节。这些节能减排贷款模式突破了原有企业贷款注重担保条件、期限较短等固有缺陷，降低了贷款门槛，拓宽了贷款期限，并可根据项目的实际现金流，采用分期付款的方式，以金融创新的方式较好地解决了那些缺乏抵押品的中小企业的融资难题。

2）碳基金

碳基金是用于具体碳减排项目的直接投资，主要有投资于企业的产业投资基金和支持植树造林的碳汇基金等。低碳产业投资基金主要通过财政资金划拨、政企共同合作及民间自发筹建等形式成立，具有开放融资、共担风险的优势，专门用于支持区域内的低碳项目融资和低碳产业发展，促成低碳技术产业的规模化与现代化。低碳产业投资基金的运作不以传统的资本回报率为目标，而是基于"绿色综合回报核算体系"的回报为目标，把环境收益和成本纳入基金运营损益之中。

以政府为主导的低碳产业投资基金，由政府财政设立，自主筛选专业投资机构，并适时引入其他长期性的社会资金，壮大基金规模与影响力。政企联合设立的专项低碳企业投资基金，通过政府牵头，企业共同参与的出资形式组建，将资金专门用于低碳领域。民间自发筹建的低碳产业投资基金，汇聚了对低碳产业有投资意愿的民间资本，通过投资专家集合管理，为低碳技术企业提供直接权益性资本支持。

专栏3　碳基金案例

最早的碳基金是世界银行于1999年发起的原形碳基金。世界银行碳基金运作十多年之后，进入了成熟期，目前世界银行管理的碳基金超过25亿美元，碳基金方式大概有60多个企业参与，有多个发达国家出资，用于在公用事业领域开展节能减排项目，即通过购买项目减少的碳排放量，为发展中国家减少温室气体排放项目提供融资。

总部设在荷兰阿姆斯特丹的中国碳基金，成立于2006年，是一家专门从事碳减排项目购买的企业，活跃在中国和欧洲市场上，是欧洲政府和中国碳减排企业的重要桥梁。作为活跃在中国和欧洲碳减排市场上的主要国际买家，为两地之间搭建了信息沟通渠道，在促进中国CDM项目的国际合作中发挥了重要作用。

2010年11月，国家低碳产业基金投资管理有限公司在青海省会西宁市落户，公司注册资本20亿元人民币。公司成立后，在境内外发起设立首只国家低碳产业基金，总规模为500亿元人民币，通过与银行、信托公司、证券公司及大型机构投资者的合作，首期100亿基金已于2012年11月28日成功募集，该基金主要投资于水电、风电、太阳能、新材料等低碳经济优势产业，国家战略矿产资源及金融产业等。西宁国家低碳产业基金投资管理有限公司的设立，将为推动低碳经济的发展起到不可替代的作用。

浙江杭州市在积极打造"低碳城市"的进程中，一只由杭州市政府主导的50亿元资金规模的"低碳产业基金"已在筹备中，用以引导、支持企业转型升级，其资金规模将超过其之前成立的"太阳能光伏产业发展专项资金"的6000万元。

3）碳债券

碳债券是指由政府或企业对投资者发行的，募集资金用于低碳项目，并承诺到期支付的本金和利息的债务，其核心特点是将低碳项目的碳资产收入与债券利率水平挂钩。一般来说，募集资金的用途与碳直接相关，并以碳项目未来能够产生稳定的现金流为发行基础，或以发行主体的信用为发行基础。

碳债券作为一种新型债券，满足了交易双方的投融资需求、满足政府大力推动低碳经济的导向性需求、满足项目投资者弥补回报率低于传统市场平均水平的需求、满足债券购买者主动承担应对全球环境变化责任的需求。

专栏 4　中国首例碳债券

国内首例碳债券——中国广核集团有限公司风电附加碳收益中期票据在银行间交易商市场成功发行。该笔碳债券的发行人为中广核风电，发行金额 10 亿元，发行期限为 5 年。主承销商为浦发银行和国家开发银行，由中广核财务及深圳排交所担任财务顾问。债券利率采用"固定利率+浮动利率"的形式，其中浮动利率部分与发行人下属 5 家风电项目公司在债券存续期内实现的碳资产（中国核证自愿减排量，简称 CCER）收益正向关联，浮动利率的区间设定为 5～20 基点。根据评估机构的测算，CCER 市场均价区间在 8～20 元/吨时，上述项目每年的碳收益都将超过 50 万元的最低限，最高将超过 300 万元。这些债券还可以在银行或证券公司进行交易，而个人投资者也许在未来可以通过银行的理财产品购买。碳债券的发行拓宽了可再生能源项目的融资渠道，提高了金融市场对碳资产和碳市场的认知度与接受度，有利于推动整个金融生态环境的改变，对于构建与低碳经济发展相适应的碳金融环境具有积极的促进作用。

4）自愿减排市场

自愿减排（voluntary emission reduction，VER）是相对于《京都议定书》所规定的强制型市场。在自愿减排市场中，由不受《京都议定书》约束的公司、政府、非政府组织或个人，自发性出资，购买减排项目产生的碳减排量，用于抵偿其产生的碳足迹，缓解其活动造成的温室效应，力图实现"碳中和"。不同于强制减排，自愿减排更多的是出于一种责任。对项目业主而言，自愿减排市场为那些前期开发成本过高，或其他原因而无法进入 CDM 开发的碳减排项目提供了途径；而对买家而言，自愿减排市场为其消除碳足迹、实现自身的碳中和提供了方便而且经济的途径。目前，自愿减排市场主要在北美，其次是亚洲和拉美等地区。

专栏5　中国自愿减排尝试

中国本土的自愿减排也有一些零星的尝试。比较成功的一例，2008年北京中山公园音乐堂曾向环保组织——山水自然保护中心认购"核准减排量"，以抵减2008年"打开艺术之门"系列演出过程中演出、观众交通所排放的二氧化碳。其创新之处是，首先测算出中山音乐堂演出（包括灯光、制冷、乐队和观众的出行等）产生的二氧化碳排放总量，中山音乐堂支付相应款项，由山水自然保护中心承办，在云南按照国际标准植树，抵消演出中产生的二氧化碳。据公开资料显示，中山音乐堂所购买自愿减排额已经过独立核查实体（DOE）核证。

2009年8月国内第一笔场内自愿减排交易在北京环境交易所达成。此笔交易的购买方是一家上海企业——天平汽车保险股份有限公司，购买标的是奥运期间北京绿色出行活动产生的8026吨碳减排指标，成交价格为27.76万元人民币，约合每吨碳指标35元人民币（5美元）；供给方来自中国民间组织合作促进会和美国环保协会等单位于2008年共同发起的"绿色出行碳路"行动，经清华大学交通研究所核准，2008年奥运单双号限行期间，北京市近百家企事业单位及8万多民众参与了此活动，共计减排二氧化碳8895.06吨。

5）碳保险、碳担保

针对低碳投资可能造成的损失风险，通过引导保险、担保等低碳产业辅助性部门，探索新型信贷担保方式，创新风险担保机制，研究碳保险制度，扩大低碳产业担保资源，以达到激励投资、分散投资与经营风险的目的。促进银行与保险机构合作，开展碳保险业务，建立风险分担机制，在服务低碳实体产业方面实现突破。

创建政策性担保公司或保险公司等政策性金融服务组织，吸引商业银行、大公司、大财团等营利性社会资金的积极参与充实资本，开发灵活有效的风险担保业务，延伸商业保险风险转移功能在低碳领域的应用，为低碳产业及关联企业提供相应的融资担保服务，有效控制和分散低碳信贷风险，促进低碳产业发展。

专栏6　碳保险

2006年瑞士在保险公司的分支机构——欧洲国际保险公司推出一项碳保险产品，用于协助一家美国私募股权基金管理其投资于CDM项目的支付风险。该产品覆盖了CDM项目进行中产生的项目注册及CER核定失败或延误的风险。

斯蒂伍斯·艾格纽（Steeves Agnew，澳大利亚顶级保险承保机构）于 2009 年 9 月推出了世界首例碳损失保险。该保险将覆盖因森林大火、雷击、冰雹、飞机坠毁或暴风雨而导致的无法实现已核定减排量所产生的风险。

9.3.2　基于排放约束的低碳金融模式

1. 模式内容

基于排放约束的低碳金融模式是指，在碳排放量法律性约束条件下，通过市场机制建设，企业和金融机构参与以"碳权交易"为核心的各种低碳金融创新活动，实施减排管理，增进低碳投融资，实现环境效益和经济效益的双向提升。它是比基于自主承诺的低碳金融模式更进一步的发展模式。

该模式下低碳金融是一个以碳权交易为核心的金融体系，产生了一种新的金融交易对象，即碳排放权，并衍生出以碳权为核心的多种金融创新产品。不同于前一种模式依靠参与主体自主性开展减排活动，基于排放约束的低碳金融模式表现为政府配额管理下，依靠旨在解决温室气体排放负外部性的市场机制的运行，使排放企业在自身配额的基础上，能够从公平市场上买卖碳排放权，从而获得降低碳排放量的直接动力。由于该模式下对于低碳金融需求激增，因此金融活动宜以需求追随为主，供给引导为辅的形式开展。

2. 参与主体

基于排放约束的低碳金融模式下的参与主体除了政府部门、金融机构和企业外，还具有一个特色主体，即碳排放交易所。

（1）碳排放交易所，即进行碳权及其衍生产品交易的金融机构，建立登记系统和交易平台、交易细则与风险控制等管理体系。

（2）政府部门除了需制定低碳金融政策外，还承担碳排放配额管理者的角色，承担碳排放核算、报告、核查责任，制定碳排放交易边界和范围、合理的配额分配方案和市场调节机制；政府还应引导企业，帮助其了解碳权交易，鼓励相关企业积极参与到以碳减排为最终目标的碳权交易上来。

（3）金融机构在提供碳融资服务的基础上，需加强以碳权为对象的金融产品创新，以及开展为碳交易提供相关咨询、鉴证、保险与担保等服务；在碳权交易方面，利用其广泛的客户基础和交易网络，为碳交易各方提供相关代理服务。

（4）企业在碳排放配额约束下，利用碳交易实现碳排放的动态平衡，并通过碳金融衍生产品及相关金融服务对碳交易活动进行风险管理。

3. 运行机制

1）碳交易

碳交易是基于排放约束的低碳金融模式的核心内容。通过碳排放权在公开市场上的买卖，使对碳排放有不同供求的企业之间达到平衡，推进"排碳有成本，减碳创收益"理念。国际上主流的碳交易分为排放交易机制（ET）、联合履行机制（JI）和清洁发展机制（CDM），前一项是基于配额的交易，后两项是基于项目的交易。目前，国外已建立并运行良好的区域碳市场有欧盟碳市场，美国 RGGI 碳市场，美国加利福尼亚州碳市场，加拿大魁北克市碳市场以及新西兰碳市场等。在强制减排市场产生之前，自愿减排市场已经开始运行，由社会、私人和非盈利实体购买减排指标用以抵消其温室气体排放。我国在碳权交易市场的建立运行上要晚于西方发达国家，除 CDM 项目外，已在北京、上海、深圳等 7 个试点城市启动碳交易试点工作。

碳交易的进行需制定相应法律法规来明确合理的碳权分配规则和碳权交易制度，特别是碳权市场交易双方进入门槛的设置与交易规则的设计，通过建立碳排放核算、报告、核查体系，建立登记系统和交易平台、交易细则与风险控制，人才培养与储备等管理体系，为碳交易市场的稳定运行提供其所必需的一系列制度保障。

专栏 7　全球性碳交易

1997 年的《京都议定书》让"碳排放"有了可测算、可折算的标准，让二氧化碳减排配额交易（简称"碳交易"）变成了现实的国际"碳交易市场"。目前，国际上的碳排放权交易形式与种类多样，但主要可以归为两大类：一种是基于配额；另一种是基于减排量。前者配额是在限量与交易制度下，由管理者确定和分配（或拍卖）给各排放主体的温室气体排放权，后者是指基于项目产生的温室气体减排量，也叫碳抵消额，一般需要经过国际机构的认证之后，才能真正实现交割，具有远期产品的性质。如 CDM 项目产生的经核证的减排量。

2005 年 1 月 1 日，欧盟排放交易体系正式开始运行。欧盟的碳交易排放体系，其基本内容为排放数额由政府设置并在所管制企业之间进行分配，受管制企业可以根据自己发展的需要，对配额进行买卖，而对受管制企业超出的排放额进行处罚。随着欧盟排放交易体系的运行，其他地区或国家的碳排放交易体系先后成立。目前，全球已建立了20多个碳交易平台，遍布欧洲、北美、南美和亚洲市场，而欧洲开展排放权类产品的交易所最多，具体见表1。

表1 国际上主要碳交易市场覆盖范围的比较

	欧盟排放交易体系	新西兰排放交易体系	东京排放交易体系	美国区域温室气体减排行动	西部气候行动	CPRS
覆盖行业	第一阶段：能源转换（发电）、制造业	第一阶段：林业、运输燃料、发电和工业过程	连续三年所使用的热力、电力及燃料等能源消费量转换成原油后超过150万升的企业	电力部门：装机容量超过25兆瓦的发电设施	电力、工业、商业、交通以及居民燃料使用	能源转换（发电，液体燃料制造，天然气供给）、制造业等
	第二阶段：第一阶段行业+硝酸	第二阶段：第一阶段行业+合成能源、废物处理				
	第三阶段：第二阶段行业+石油化工、化学(氨)、铝、航空业	第三阶段：第二阶段行业+农业				

数据来源：武汉大学碳交易市场建设研究课题组. 2012.《碳交易市场行业企业清单研究》报告

专栏8 我国碳交易

清洁发展机制是目前《京都议定书》中唯一涉及发展中国家的一种机制。我国近几年，无论是注册成功的CDM合作项目还是CER签发量都得到了迅猛的增长。在全球碳市场中，中国已成为全世界核证减排量（核证的温室气体减排量CER）一级市场上的最大供应国。由于在国际碳市场上没有定价权，不得不接受外国碳交易机构设定的较低碳价，交易量相对较少。为适应全球碳交易市场，我国相继成立北京环境交易所、上海环境能源交易所、天津排放权交易所、湖北环境资源交易中心、大连环境交易所等环境权益交易机构。

为发挥市场机制在实现碳排放目标的作用，我国开始启动区域碳交易试点准备，并于2013年起相继在北京、天津、上海、重庆、深圳、广东和湖北7个试点省（区、市）启动碳交易试点工作，将重点领域碳排放企业纳入排放管理。到2014年6月10日，纳入企业2000余家，配额总额约11亿吨，累计成交518万吨，成交金额约1.9亿元。

2）碳衍生产品

围绕具有流动性质的碳排放权，开发碳金融衍生品及其交易市场，主要包括碳基金（可供二级市场交易）、碳交易远期、碳期货与碳期权等在内的一系列创新碳金融衍生产品。低碳金融衍生工具的主要作用不在于调剂资金余缺，或是促使储蓄向投资转化，更多的是用于管理与碳权交易相关的风险暴露，是低碳企业生产经营中风险治理的有效方式。

金融部门通过研发基于碳交易的各种碳金融衍生工具，为低碳企业提供完备的碳交易品种。利用证券公司、期货交易所、产权交易所在专业服务能力、平台基础设施、交易结算系统、交易规则制定之间所存在的互补性，开展碳金融衍生产品交易，活跃新兴碳权交易市场上的投资增值活动，通过降低交易成本，提高交易的透明度和流动性，实现交易的规模性与有效性。

专栏9　碳衍生产品发展

　　在碳期货方面，随着全球碳金融市场的蓬勃发展，碳减排创新产品也不断推陈出新，如今国际市场上的碳现货交易量占比很小，期货交易占了主流。2005年，欧洲气候交易所作为欧洲首个碳排放权市场推出了二氧化碳排放权期货，在伦敦国际石油交易所（IPE）的电子期货交易平台上运行；2007年，欧洲气候交易所推出CER期货，上市第一个月就成交1600万吨；2008年，纽约商业交易所控股有限公司（NYMEX Holdings，Inc）宣布上市温室气体排放权期货产品，还计划牵头组建全球最大的环保衍生品交易所——Green Exchange，尝试用市场方式促进全球性环保问题的解决。

　　在碳指数及指数型基金方面，2008年纽约泛欧交易所推出了确认有低碳排放记录的欧洲公司的碳指数——低100欧洲指数，旨在衡量100家最大的在各自部门或附属部门碳排放最低的蓝筹股欧洲公司的表现。同一时间，巴黎银行也宣布基于新启动的指数建立新的ETF——EasyETF低碳100欧洲。

3）碳金融创新

随着碳金融衍生产品的不断演化和碳金融的进步创新，产生了包括碳清洁业务、合同能源管理（EMC）、碳保管、碳管理及碳处理等业务，通过推进金融创新业务与低碳产业的不断融合，实现低碳产业发展和金融创新的相互促进。

商业银行低碳金融创新的另一个常见途径是为碳交易提供中介服务，以代理或自营形式为碳交易市场提供流动性：通过研发结构性碳理财产品，推出挂钩低碳能耗、环保型公司以及环境资源类指数的理财产品；开发碳信托计划，为投资者提供新的金融投资产品；促进碳资产证券化，将缺乏流动性的碳资产转换成自由买卖、具有流动性的证券。碳金融创新产品正在逐步扩大成为全社会参与的一种新的投资对象和投资方式。

专栏 10   合同能源管理

合同能源管理是开发较早的一种碳金融业务。合同能源管理是 20
世纪 70 年代在美国发展起来的,是基于市场的一种节能新机制,是指从
事能源服务的 EMC 公司与客户签订节能服务合同,提供包括能源审计、
项目设计、项目融资、设备采购、工程施工、安装调试、人员培训和节
能量确认等系统的节能服务,并从客户节能改造后获得的节能效益中收
回投资和取得利润的一种商业运作模式。

9.3.3   温州低碳金融的模式选择

1. 面临挑战

1)低碳信贷普及面小

现行的以财政补贴为主的低碳发展模式,在未来可能将面临大规模的低碳资
金缺口。而温州市金融体系基本还处于传统的以资本价值增值为目标,金融机构中
"低碳信贷"所占份额低,强调资本回报率与风险控制的结果往往是资本较多地流向
能耗型工业项目,较少流向低碳产业。而低碳金融侧重于对低碳项目,特别是环境
友好的低碳技术型企业进行扶持,同时缩减对传统高排放重化工业的资本投放规模。
因此需要金融机构开展金融创新活动,积极培育低碳产业资金融通的中介市场。

2)交易机制建设滞后

2012 年 6 月国家发展和改革委员会印发《温室气体自愿减排交易管理暂行办
法》,说明我国在未开展法律性限排条件下,有意通过自愿减排交易这一市场机
制来推进低碳发展。并且在全国 7 个碳排放权交易试点全部启动运行后,中国碳
市场建设即将从区域试点进入推进全国统一碳市的新阶段。目前,国家生态环境
部已着手研究全国碳排放交易的边界和范围、合理的配额分配方案和市场调节机
制,完善国家碳交易注册登记系统,建立核算、报告与核查体系以及相关细节工
作,《全国碳排放权交易管理暂行条例》有望于 2019 年出台。可见,碳交易出现
时机将大为提前,而与之相关的金融创新产品也将陆续面世。在这方面,温州市
相关中介市场发育不完全,主要表现为商业银行对碳金融操作模式、项目开发、
交易规则等问题的理解滞后,缺乏金融创新的动力;同时又缺乏专业的技术咨询
体系来帮助金融机构分析、评估、规避项目风险和交易风险。因此温州市需及早
进行相关战略部署与技术储备,并鼓励相关企业和部门适时参与区域性减排交易,
为过渡到基于排放约束的低碳金融模式获取前期经验,发挥先行优势。

2. 发展定位

1）近期

结合目前我国碳排放管理进程及温州市发展低碳经济的实际状况，特别是在温州市尚没有法律性碳排放约束情况下，近期主要以基于自主承诺的低碳金融模式发展，重点创新融资渠道与模式，积极利用国家金融改革契机和民间资本优势，保障低碳产业资金供给，并适时开展碳交易前期研究工作，有条件地参与自愿性减排交易市场。充分利用温州市碳汇储量丰富，交易基础良好的优势，积极开展碳汇交易。

2）中长期

随着未来法律性碳排放约束政策制定和全国统一碳市场的推进建设，温州市需在中远期将逐步转向基于排放约束的低碳金融模式，在进一步深化低碳投融资的基础上，大范围推进碳权交易机制研究，建立碳排放核算、核查与报告制度，推动金融机构研发碳金融衍生品与碳结构产品，逐步建立碳金融衍生品交易制度，通过开展宣传与教育活动，引导温州市主要排放企业与意向个人积极参与碳权交易。

9.4 温州提升低碳金融服务能力路径研究

为实现经济转型与"赶超发展、再创辉煌"提供支撑，实现金融与经济、社会的互动和谐发展，全面提升温州市金融中心低碳金融服务能力，必须以温州市建设低碳城市为目标，以温州金融集聚区建设为契机，以温州市金融中心为载体，发挥温州市金融综合改革试验区先发优势，整合现有分散金融资源，调配资源、统一筹划，健全金融组织体系，优化金融生态环境，推进金融创新发展。本节主要就以下三个方面展开论述低碳金融服务能力提升路径：金融中心要素建设、低碳融资渠道拓展及融资方式创新、碳权交易探索与金融产品创新等。

9.4.1 把握中心要素建设，优化低碳金融生态环境

1. 集聚金融机构，优化金融服务体系

1）做大地方性金融机构

依托温州市金融中心建设，汇聚本市各商业银行总部，集聚证券、保险等非银行金融机构，打造温州金融核心区，引领温州市低碳金融发展与建设。在金融

集聚示范区现有入驻金融机构的基础上，支持温州银行、鹿城农村商业银行等有条件的地方法人金融机构深化改革，提升综合发展实力，打造优质地方金融机构品牌；同时，积极发展本地证券、信托、基金、保险等金融机构，改变银行机构单支独大、金融机构发展不平衡的局面，建立多元化的金融机构体系，扩大地方金融机构份额，增强地方金融机构实力。

2）做强特色民间金融机构

结合温州市金融综合改革试验区建设，加快成立本地民营银行、小额贷款公司、民间资本管理公司等享有政策优势产业，增进本地民营金融体系发展，增强民营金融对低碳金融支持力度，促进市场竞争，增加金融供给。积极引进村镇银行、担保公司、农村资金互助社等新型农村金融机构，支持金融产品创新优先试点，推进经营权抵押贷款、排污权抵押贷款、知识产权质押融资、海域使用权抵押贷款试点工作，探索开展中小企业小额信用贷款、中小企业和农户联保贷款等创新融资业务，迎合适应温州地方经济发展的金融产品需求。

3）引进外地区域性金融机构

发挥集聚示范区金融价值洼地优势，积极吸引外地优秀金融机构落户示范区，鼓励引导风险资本、投资公司、基金管理公司在温州设置办事处，鼓励全国性和国际性金融机构总部或分支在示范区内设立管理中心和功能中心，形成金融机构管理和信息的集聚；引入国际先进的区域金融中心管理经验和运作模式，引导金融机构间良性竞争，促进各金融主体间的协同合作，推进区域间的金融协作与交流，促进示范区规模效应发挥，并形成区域金融集群性竞争优势，共同促进低碳金融发展。

4）培育金融中介服务组织

围绕示范区建设目标要求，积极培育低碳金融相关衍生行业，通过引进一批第三方碳核查、碳金融咨询、碳信息发布、碳担保与碳保险等金融服务企业，保障低碳金融体系完整，低碳金融功能健全；引进国内外律师事务所、会计师事务所、资信评级等机构，提供法律、会计、资信、评估等专业化服务，构建完整安全的金融中介服务体系；培育具有证券从业资格的本地金融中介组织，为发展股权投资市场和推动本地企业上市提供信息和技术支持，不断增强温州金融中心凝聚力与辐射力，实现碳产业链联动发展。

2. 加强资本集中，保障低碳资金供给

利用政府财政资金引导作用，加强银行储蓄资本向低碳领域投资的转化，进一步促进游离在传统资本体系外的温州本地民间资本和外地机构投资资本向温州低碳事业的聚集。①加大银行低碳信贷发放力度。以银行为代表的金融中介仍然是温州市投融资领域中的主要途径，其在吸收居民储蓄及部分企业资金方面发挥重要作用，并承担大多数企业最终贷款人角色，加强对商业银行为主的金融机构对低碳产业的发展支持，为低碳项目融资开辟绿色通道，予以优先安排放款。②引导民间资本进入低碳领域。依托温州市金融综合改革试验区的发展成果，借力已成立的小额贷款公司、民间资本管理公司、中小企业票据服务公司等民间资本集中池，利用其对民间资本较好的吸纳能力，将其发展为低碳投资领域的重要资金补充。运用政策引导和优惠措施引导民间金融机构进入温州市低碳投资领域。③引进外部资本投入低碳产业。利用投资公司、风险投资及基金管理公司对新兴产业发展的敏锐性，依托温州市金融中心建设，积极与外部投资机构进行对接，引进其在温州市设点办公，并在温州市开展低碳相关的投资。

3. 打造人才高地，加大金融人才引进

实施金融人才战略，接轨国内外金融院校、机构与基地，着力引进高端金融人才，并在住房、配偶就业、子女上学等方面提供相应的政策支持；统筹利用浙江大学、温州大学、浙江金融职业学院等金融教育资源，多渠道、多层次培养金融人才，构建涵盖高级金融管理人才、高层次专业技术人才、一线员工队伍等方面的多层次金融人才教育培训体系。加大对完善人才服务政策，制定金融高层次人才认定办法和人才政策，将金融人才纳入温州市"551 人才工程"政策扶持体系；推动金融人才交流，选拔优秀人才到境外金融机构培训学习，培养国际型金融人才；加强金融人才服务平台建设，为金融人才提供引进、培训、认证、流动、社保等"一站式"的专业服务，营造有利于金融人才集聚的良好工作、生活和文化环境。依托高校和科研院所，对银行、保险公司、律师事务所现有专业技术人员进行低碳投融资相关知识的培训，不断提高低碳专业领域人员的知识储备，为低碳金融发展提供智力支撑。

4. 保障土地要素，推进金融集聚建设

推动金融集聚区征地拆迁和政策处理等工作，营造金融集聚区良好建设环境。温州金融集聚区内整体建设工程推进速度缓慢，集聚区仅有少量金融机构项目入驻施工，后期金融机构入驻对接工作缺位，且多面临建设规划许可证、施工许可证等手续办理困难及地块拆迁遇阻问题，这些存在问题影响集聚区低碳金融能力的提升及集聚区"磁场"效应的发挥。因此需保障金融集聚区内土地要素供给，对于集聚区内相关用地指标、建设许可、施工许可等问题进行及时处理，以保证工程建设进度加快推进。

9.4.2 拓宽低碳融资渠道，创新低碳产业融资方式

1. 强化政府投入

1）增加低碳领域财政支出

适当增加财政支出对低碳领域的投资。调整财政投入比例和使用方向，以及探索地方政府发行低碳债券等方式，保障低碳产业发展所需的研发经费和项目建设资金。建立以企业节能减排为目标的节能减排和技术改造专项资金，对于新建或者实施技术改造的低碳投资项目，按照碳排放交易的有关贴息贷款规模和利率，由财政资金给予一定比例的贷款利息补贴和奖励，从而提高各类企业，特别是中小企业从事低碳技术研发的积极性。

2）设立低碳产业投资基金

利用财政划拨、政企联合等形式设立低碳产业投资基金，并成立低碳产业投资部门，保障低碳产业发展资金的有效供给。加强绿色碳汇基金的运营及管理，对于基金投资产生的碳汇进行核算与战略储备。设立"创新低碳科技成果转化扶持基金"，通过支持优秀的创新低碳科技成果项目，为其注入扶持资金，促进第一时间启动生产，将创新低碳科技快速转化为具有社会效益和经济效益的实际产出。

3）探索公私合营融资模式

探索公私合营融资模式（private public partnership）在公共建筑、公共交通等低碳化基础服务设施项目方面的运用，强化公民意识和社会认同感，提高资源使用效能和建设、运营效率。通过设立基础设施信贷担保基金，为公共与私人部门共同融资建设的低碳项目提供担保。利用政府购买手段，支持低碳产品与服务的投放与推广，按照相关标准进行评估后支付相应费用，引导低碳企业参与政府购买公共服务事项的公开招标。

2. 鼓励间接融资

1）加入银行业"赤道原则"

引导银行树立低碳发展理念，鼓励商业银行加入并履行金融界中具有影响力的"赤道原则"，调整信贷投向，优化金融信贷结构，倡导绿色信贷和低碳信贷，加大对特色产业、节能减排、科技创新企业等重点领域的金融支持力度，从信贷额度、审批环节等方面给予倾斜；对基本面良好、信用记录较好但暂时出现经营困难的低碳企业给予必要的信贷支持，适时扩大授信额度。

2）探索新型融资类型

对创新性融资形式进行有益的探索，积极推动碳资产融资。借助金融信用创

造的创新手段，将企业实施低碳项目所获得的外部收益转化为企业的内部效益，据此予以授信，进而激发企业进行低碳技术创新，提高生产经营效率。通过对排污权抵押融资的推广与经验总结，有序开展碳资产质押融资试点。加强与行业协会、经济合作组织等的合作，提高金融服务差异化、细分化和专业化程度。

3）强化碳信贷链管理

引导金融机构尽快适应低碳经济的发展需要，扩大低碳经济的信贷资金规模，优化信贷管理制度和业务流程，进一步提高信贷审批效率。不断加强碳信贷的全过程管理，形成贷前、贷中、贷后的传导和控制链条，控制信贷风险。采取续贷提前审批、设立循环贷款等方式，提高贷款审批发放效率。研究建立用于判断评估和管理融资项目环境与社会风险的金融行业基准，为开展低碳融资项目风险评估提供有利指标。

3. 推动直接投资

1）拓展多层次直接融资平台

大力发展股权融资、债券融资、信托融资等直接融资方式，发展多层次资本市场，努力拓宽融资渠道。充分利用温州股权营运中心，引导温州市低碳企业挂牌交易进行融资；积极引导有实力的低碳企业利用公开发行上市（IPO）进行融资。鼓励符合条件的低碳示范企业以企业债券、中小企业债券、中小企业集合票据等形式，在全国债券市场公开发行债券进行直接融资。

2）创新发展民间融资渠道

支持低碳企业依托中小企业股份转让系统开展融资，扩大企业债务融资规模；支持低碳企业向民间定向增资扩股，利用私募股权、私募债券、私募基金等方式进行融资，引导资金规模雄厚、投资渠道不畅的温州民间资本进入低碳领域，发展独具温州特色的民间资本融资模式。促进"温州人股权投资基金"项目支持本地企业低碳化改造升级与低碳投资。依托温州民间资本投资服务中心等本地项目融资平台，整合优质低碳项目与民间资本，实现低碳投融资的双向连通。

3）推动风投、基金参与投资

通过有效对接，吸引风险资本、投资公司、基金公司等投资主体在低碳企业初创期、运营期发挥积极的促进作用，创新投资体制，建立适应低碳产业发展的投资机制。建立与完善符合国际一般标准的"入口-运行-出口"模式的低碳产业风险投资创新机制。在"入口"阶段解决好资金来源的多样性问题和"出口"阶段中的适时退出机制设计问题，并重点关注风险资本在"运行"阶段中，如何科学评估可供筛选的备选项目，确定企业资本结构、企业控制权、未来融资要求、生产管理介入等内容。

9.4.3 探索碳权交易机制,加强低碳金融产品创新

1. 深化排放清单编制任务

开展温室气体排放清单编制有利于全面掌握温州市温室气体排放量与构成情况,为碳减排、节能政策制定及应对气候变化规划编制提供基础性依据,便于落实省政府对温州市碳排放目标的考核要求。深化排放企业碳排放清单编制工作,需明确清单编制主要目标、任务、组织分工及进度安排。按照二氧化碳排放强度考核要求,重点开展能源活动领域的清单编制,摸清温州市化石能源燃烧产生的二氧化碳排放以及电力调入或调出产生的二氧化碳间接排放基数,对工业生产过程、农业活动、土地利用变化和林业、废弃物处理等领域的清单编制开展工作。

通过对重点温室气体排放企业的碳排查,建立起重点行业和重点企业的碳排放数据库,为下一步国家或省开展温室气体总量控制和碳排放交易奠定基础,也为温州市参与其他碳排放交易试点的碳交易、联合国《京都议定书》下的清洁发展机制(CDM)项目提供依据。同时通过重点企业的碳排查也有利于帮助企业及时了解温室气体减排相关政策,培育企业碳减排市场意识,调动企业自觉参与碳减排活动的积极性,为企业在下一步全国开展碳交易时取得有利地位。

2. 组织碳权交易筹备工作

由于中国碳市场建设即将从区域试点进入推进全国统一碳市的新阶段,尽早组织开展碳权交易筹备工作,有利于衔接全国碳市的推广进程。碳交易筹备过程中需高度关注研究国家及试点地区新的政策动向,有利于温州市储备碳交易相关知识。研究建立碳权交易对接中心,集中对交易机制等问题进行探索。有条件地开展碳权交易前期工作,适时成立碳限额管理中心、设立碳排放测算中心、碳排放认证中心等核查部门,以实现未来和全国性碳交易市场的顺利对接。

对于有条件参与我国自愿性减排交易的企业与项目,特别是温州市风力、太阳能发电厂等可再生能源企业,进行宣传与培训,让企业逐步了解碳资产管理与碳权交易,组织相关部门与企业项目进行洽谈,并与有经验的低碳咨询公司开展交流,考虑减排项目在邻近试点地区进行自愿性减排交易的可能性。鼓励银行、保险、证券等金融机构设立专门碳金融业务研究部门,缓解碳交易中的信息不对称问题,从行业规范、管理理念、业务评估等方面提高金融服务业的风险管理能力。

3. 推进低碳金融产品研发

低碳金融产品的主要作用不在于调剂资金的余缺和直接促进储蓄向投资的转化，而是管理与低碳投融资相关的风险暴露。因此需促进金融机构加大对低碳金融产品的研发与推广，完善支持低碳发展的金融市场体系等方面进行革新，优化产品结构。鼓励金融机构进一步加大低碳金融工具的创新与研发力度，包括各种与低碳经济密切相关的碳结构理财产品，碳信托业务及基于碳权交易的各类金融衍生产品，组建挂钩低碳消耗、环境友好型公司表现的金融理财产品。

9.5　提升低碳金融服务能力的对策措施

9.5.1　加强组织协调

充分重视低碳金融发展机遇，成立低碳金融工作领导小组，解决温州市在建设金融中心及金融集聚示范区等方面遇到的各项问题，就温州市低碳金融发展情况，协同市人行、银监、保监等金融监管机构进行监督与管理，并不断加强工作领导小组与温州市相关部门的沟通与协调。

9.5.2　构建政策体系

1）制定规章制度

强化规章制度在低碳投融资、碳权交易方面的管理作用，研究建立规范金融企业低碳业务规则和新型碳金融工具的市场交易秩序，建立健全低碳经济担保机制，强化企业信用担保在低碳经济融资中的作用，为金融机构的低碳金融业务和相关个人及企业主体的权利与义务制定全面的保障。针对现实中的企业融资、金融衍生品创新、碳权交易中可能存在的突出问题进行规范与明确，确保政策法规的严谨性与科学性。建立相应的政策协调机制，会同中国人民银行、银监会、证监会等职能部门，更好地发挥政策的导引作用。

2）创新考核机制

完善考核激励机制，通过科学设计考核指标，完善金融机构考评激励办法，科学制定年度银行业支持地方经济发展考评奖励办法，进一步提高对金融机构的低碳信贷投放等考核指标权重，协调推动金融机构加大对低碳经济的支持力度，调动金融机构加大低碳信贷投放的积极性。在制定标准的同时，应加大对执法能力的建设，针对低碳金融的特殊性，对低碳金融业务的开展进行有针对性的监管。

3）完善激励约束机制

不断完善政府激励与约束机制，对温州本土具有较大的自主权的温州银行和农村商业银行，以及利用温州市金融综合改革契机，成立的本地民营银行，对于他们的改制和发展，政府应给予更多的政策指导与扶持。引导本地银行机构结合当下低碳城市建设、低碳产业发展的关键时期，对自身进行清晰定位，防范资源配置扭曲现象，鼓励其为低碳项目的审批、拨款等方面提供系列便利的金融服务，适当降低建设项目资本金限制、延长银行贷款期限等，使其成为服务地方经济和低碳城市建设的一支高效率的金融队伍。

9.5.3 强化财政扶持

落实各项优惠措施，加快温州金融集聚区建设。加大对集聚区各项体系建设和重点项目的财政政策扶持力度，设立专项资金补助，加强财政政策宣传，力促政策"优"在明处、"惠"在实处。完善现有金融业发展税收制度，强化税收激励政策，加强扶持集聚示范区金融业发展的税收政策运用力度，对鼓励和支持类金融组织以及特定金融市场建设给予税收优惠政策，落实税费减免政策。积极争取上级相关政策支持，予以示范区金融改革创新和先行先试的政策。

9.5.4 加强区域协作

发挥温州作为我国东南沿海重要城市，以及海西经济区中心城市的地位优势，强化温州金融集聚示范区与杭甬金融集聚区的互动，主动对接上海国际金融中心，杭州长三角南翼金融中心、宁波长三角南翼区域金融服务中心，实现各个金融集聚中心的金融资源共享和交流；利用海西经济区在两岸金融合作中的便利条件，整合海西区政策优惠条件，增进与台湾地区的金融发展交流，实现与海西经济区的联动对接；加速集聚示范区与台州、丽水三地之间的金融资源互动，搭建区域金融发展平台，在产品研发与营销、资源共享、风险防范、人员交流等方面加强协作，实现金融资源的跨区域优化配置。

参 考 文 献

陈飞, 诸大建. 2009. 低碳城市研究的理论方法与上海实证分析. 城市可持续发展, 10(16): 71-79.

陈菊芳, 聂兵. 2014. 社区碳排放评价初探. 能源与节能, (1): 32-43.

陈平, 余志高. 2011. 我国低碳社会综合评价体系研究——以浙江省为例. 技术经济与管理研究, (6): 14-21.

戴亦欣. 2009. 中国低碳城市发展的必要性和治理模式分析. 中国人口·资源与环境, 19(3): 12-18.

丁成日, 宋彦, Gerrit K, 等. 2005. 城市规划与城市结构: 城市可持续发展战略. 北京: 中国建筑工业出版社, 132-139.

董锴, 侯光辉. 2013. 城市低碳社区评价指标体系及实证研究——以万科假日风景社区为例. 生态经济, (3): 66-75.

董世永, 李孟夏. 2014. 我国可持续社区评估体系优化策略研究. 西部人居环境学刊, (2): 112-117.

董正信. 2010. 低碳城市评价体系研究. 河北大学硕士学位论文.

杜受祜. 2011. 从贝丁顿到汉莫比——英国、瑞典建设低碳社区的新探索. 低碳经济, (6): 49-55.

冯之浚, 牛文元. 2009. 低碳经济与科学发展. 中国软科学, (8): 13-19.

付允, 汪云林, 李丁. 2008. 低碳城市的发展路径研究. 科学对社会的影响, (2): 5-10.

干靓, 丁宇新. 2012. 从绿色建筑到低碳城市: 日本 "CASBEE-城市" 评估体系初探. 第八届国际绿色建筑与建筑节能大会论文集, 北京.

江正平, 张伟, 雷亮. 2012. 省域低碳经济发展评价指标体系的构建及测评. 广东农业科学, (1): 67-79.

李翅. 2006. 土地集约利用的城市空间发展模式. 城市规划学刊, (1): 49-55.

李小明, 张兆干, 林超利. 2010. 基于低碳经济背景下低碳旅游社区的构建研究——以江苏省丹阳市飞达村为例. 河南科学, (5): 626-630.

刘婵. 2012. 基于低碳工业园区规划的碳计量分析系统构建研究. 桂林理工大学硕士学位论文.

刘建兵, 黄晓行, 许凡芯. 2014. 低碳社区评价指标体系研究. 中国高新技术企业, (2): 55-62.

罗毅, 李子波. 2013. LEED-ND 引导下的绿色社区规划设计策略初探. 中外建筑, (7): 49-55.

马蓓蓓, 鲁春霞, 张雷, 等. 2010. 新形势下西北地区碳排放及低碳化发展研究——以陕西省为例. 资源科学, 32(2): 223-229.

梅建屏, 徐健, 金晓斌, 等. 2009. 基于不同出行方式的城市微观主体碳排放研究. 资源开发与市场, 25(1): 49-52.

潘海啸. 2010. 面向低碳的城市空间结构——城市交通与土地使用的新模式. 城市发展研究, 17(1): 40-45.

潘海啸, 汤諹, 吴锦瑜, 等. 2008. 中国 "低碳城市" 的空间规划策略. 城市规划学刊, (6): 57-63.

彭文俊. 2011. 农村社区低碳建设评价研究. 华中科技大学硕士学位论文.

齐敏. 2011. 我国低碳经济发展水平的评价指标体系与评估研究. 山东师范大学硕士学位论文.

齐玉春, 董云社. 2004. 中国能源领域温室气体排放现状及减排对策研究. 地理科学, 24(5): 528-534.

秦耀辰, 张丽君, 鲁丰先, 等. 2010. 国外低碳城市研究进展. 地理科学进展, 29(12): 1459-1469.

清华大学建筑节能研究中心. 2008. 中国建筑节能年度发展研究报告 2008. 北京: 中国建筑工业出版社.

曲建升, 王琴, 曾静静, 等. 2008. 我国 CO_2 排放的区域分析. 中国科学院国家科学图书馆科学研究动态监测快报, (12): 1-7.

宋春燕, 张彦国. 2013. 区域低碳经济发展水平测度研究——山东省实证. 山东财政学院学报, (1): 34-42.

王玉芳. 2010. 低碳城市评价体系研究. 河北大学硕士学位论文.

韦亚平, 赵民, 汪劲柏. 2008. 紧凑城市发展与土地利用绩效的测度. 城市规划学刊, (3): 32.

张洁, 龙惟定. 2014. 国外低碳区域评价体系比较研究. 低碳社区与绿色建筑, (1): 18-24.

张雷, 黄园淅, 李艳梅, 等. 2010. 中国碳排放区域格局变化与减排途径分析. 资源科学, 32(2): 211-217.

张明胜. 2011. 江西省低碳经济发展评价指标体系的构建及实证分析——基于 DPSIR 模型. 南昌大学硕士学位论文.

张平. 2001. 英国提高能源效率的政策取向. 中国能源, (2): 31-32.

朱守先, 梁本凡. 2012. 中国城市低碳发展评价综合指标构建与应用. 低碳生态城市, (9): 35-43.

Andrew S. 2009. Developing transport infrastructure for the low carbon society. Oxford Review of Economic Policy, 25(3): 391-410.

Babiker M, Gurgel A, Paltsev S, et al. 2009. Forward-looking versus recursive-dynamic modeling in climate policy analysis: A comparison. Economic Modelling, 25: 1341-1354.

Baldasano J M, Soriano C, Boada L. 1999. Emission inventory for greenhouse gases in the city of Barcelona: 1987-1996. Atmospheric Environment, (33): 3765-3775.

Bohringer C, Rutherford T F. 2009. Integrated assessment of energy policies: Decomposing top-down and bottom-up. Journal of Economic Dynamics and Contro, 33: 1648-1661.

Bollen J, vander Z B, Brink C, et al. 2009. Local air pollution and global climate change: A combined cost-benefit analysis. Resource and Energy Economics, 31: 161-181.

BRE. 2009. BREEAM Communities Technical Guidance Manual. Watford: BRE Global Ltd.

Chris G. 2007. How to live a low-carbon live: The individual' guide to stopping climate change. London: Sterling VA.

Cosmi C, Di Leo S, Loperte S, et al. 2009. A model for representing the Italian energy system: The NEEDS-TIMES experience. Renewable and Sustainable Energy Reviews, 13: 763-776.

Crutzen P. 2000. Dowsing the human volcano. Nature, 407(12): 674-675.

Dubeux C B S, Rovere L E. 2007. Local perspectives in the control of greenhouse gas emissions-The case of Rio de Janeiro. Cities, 24(5): 353-364.

Edward L G, Matthew E K. 2010. The greenness of cities: Carbon dioxide emissions and urban development. Journal of Urban Economics, Elsevier, 67 (3) : 404-418.

Fan Y, Liu L C, Wu G. 2007. Changes in carbon intensity in China: Empirical findings from 1980 to 2003. Ecological Economics, 62: 683-691.

Fleming P D, Webber P H. 2004. Local and regional greenhouse gas management. Energy Policy, 32 (6) : 761-771.

Gibbs. 2009. California's greenhouse gas emissions and trends over the past decade. (2009-08-12) [2009-08-12]. www.epa.gov/ttn/chief/conference/ei11/ghg/choate.pdf, 2006/2009-08-12.

IBEC. 2007. CASBEE for urban development.Technical manual 2007 edition . Tokyo: Institute for Building Environment and Energy Conservation.

Institute World Resources. 2007. Wisconsin greenhouse gas emissions inventory and projections. (2007-06-25) [2007-06-25].http://dnr.wi.gov/environmentprotect/gtfgw/documents/WI_GHG_in ventory_07.pdf.

Joanthan N. 2006. Company high and low residential density: Life cycle analysis of energy use and green house emission. Journey of Urban Planning and Development, (3) : 10-19.

Lebel L, Garden P, BanaticlaM R N, et al. 2007. Integrating carbon management into the development strategies of urbanizing regions in Asia. Journal of Industrial Ecology, 11 (2) : 61-81.

Liu F L, Ang B W. 2007. Factors shaping aggregate energy intensity trend for industry: Energy intensity versus product mix. Energy Economics, 29: 609-635.

Liu L C, Fan Y, Wu G, et al. 2007. Using LMDI method to analyze the change of China's industrial CO_2 emissions from final fuel use: an empirical analysis. Energy Policy, 35: 5892-5900.

Liu Q, Shi M J, Jiang K J. 2009. New power generation technology options under the greenhouse gases mitigation scenario in China. Energy Policy, 37: 2440-2449.

Sissiqi T A. 2000. The Asian financial crisis: Is it good for the global environment? Global Environmental Change, 10: 127.

Strachan N, Pye S, Kannan R. 2009. The iterative contribution and relevance of modelling to UK energy policy. Energy Policy, 37: 850-860.

Toshihiko N, Mikhail R, Diego S. 2010. Shift to a low carbon society through energy systems design. Technological Sciences, 53 (1) : 134-143.

Turton H. 2008. Eclipse: An integrated energy-economy model for climate policy and scenario analysis. Energy, 33: 1754-1769.

USGBC. 2014. LEED 2009 for neighborhood development rating system. (2014-07-01) [2014-07-01]. https://www.usgbc.org/sites/default/files/LEED%202009%20RS_ND_07.01.14_current%20version.pdf.

Wang C, Chen J N, Zou J. 2005. Decomposition of energy-related CO_2 emission in China: 1957-2000. Energy, 30: 73-83.

Wu L, Kaneko S, Matsuoka S. 2006. Dynamics of energy-related CO_2 emissions in China during 1980 to 2002: The relative importance of energy supply-side and demand-side effects. Energy Policy, 34: 3549-3572.

Zhang M, Mu H, Ning Y. 2008. Accounting for energy-related CO_2 emission in China: 1991-2006. Energy Policy, 37: 767-773.